実用
電気系学生のための基礎数学

工学博士 葛谷 幹夫 著

コロナ社

まえがき

　数学は工学系，特に電気電子系の学生にとって必要不可欠で，丁度大工さんにとっての大工道具のようなものである。すなわち，電気電子工学の知識や理論を修得するには数学を道具として使いこなせる力が必要である。このため，ほとんどの電気電子系学科では電気数学あるいはそれに相当する科目が専門基礎科目に用意されている。しかし，数学には，代数，幾何，ベクトル解析や微積分など多くの部門があり，どの部門も電気電子工学を学ぶのに関係しないものはないため，これまで出版されてきた電気（用）数学はかなり広範囲の内容を扱っているものが少なくない。また，電気数学ということで，電気電子工学との関連を重要視するあまり電気回路や電磁気学などの教科書に近くなり，数学的要素が少ないものも見受けられる。

　本書は「道具としての数学」をコンセプトに，まず電気電子工学を学ぶのに必要な数学の基礎的事項（道具）を学習した後，それらが電気電子工学の理論や現象を理解するのにどのように使われるのかを具体例を挙げながら解説する。このため，本書で取り扱う数学は，一般の数学の教科書のように系統的な構成とはなっておらず，電気電子工学の専門科目を学ぶのに必要な項目をピックアップした構成となっている。

　本書は全11章から構成されている。すなわち，多くの部門からなる数学から11項目を選択している。電気電子工学の学習に必要な数学についてはいろいろご意見があると思うが，この11項目は，著者が電子工学の講義や実験を経験してきて，現時点で最低限必要と考えるもので，しかもその内容は定理の証明などは省いてエッセンスのみの記述に留意している。また，応用例についても電気回路や電磁気学の基礎的かつ重要な事項を取り上げている。

　以上のように，本書は電気電子工学の回路，電磁気学，信号処理の基礎的事

項を学ぶのに必要な数学の知識を身に付けることを目的とした「電気系学生のための基礎数学」である。別の表現をすれば，本書は電気数学の授業で用いられる道具であり，厳選された11の数学の道具が入っている基礎数学という道具箱である。本書により，学生が数学を道具として使いこなせるようになれば幸いである。

2015年1月

葛谷 幹夫

本書で登場する公式・重要式

本書で登場する各種の公式・重要式は，次式のように枠を付けて示した。

例
$$x = \log_a N \tag{1.2}$$

また，これらの公式・重要式をまとめ，コロナ社Webサイトの本書書籍ページ（http://www.coronasha.co.jp/np/isbn/9784339008722/）から閲覧・ダウンロードできるようにした（コロナ社Webサイトのトップページの書名検索からもアクセス可能）。こちらを印刷してつねに携帯し，専門科目の授業に活用していただきたい。

目　　　次

1.　対　　　数

1.1　対　数　と　は ……………… *1*
1.2　対数の基本性質 ……………… *2*
1.3　底　の　変　換 ……………… *3*
1.4　仮　数　と　指　標 ……………… *4*
1.5　対数の応用例 ……………… *6*
　　1.5.1　デ　シ　ベ　ル ……………… *6*
　　1.5.2　絶対デシベル ……………… *9*
　　1.5.3　物　理　現　象 ……………… *9*
演　習　問　題 ……………… *11*

2.　三　角　関　数

2.1　三角関数とは ……………… *13*
2.2　三角関数の定義 ……………… *14*
2.3　弧度法（ラジアン） ……………… *17*
2.4　三角関数のグラフ ……………… *19*
2.5　三角関数に関する性質 ……… *20*
　　2.5.1　負（−）の角の三角関数
　　　　　　 ……………… *20*
　　2.5.2　第1象限の角による表現
　　　　　　 ……………… *21*
　　2.5.3　三角関数に関する公式 …… *22*
　　2.5.4　三角関数の合成 ……………… *23*
　　2.5.5　正弦定理と余弦定理 ……… *25*

2.6　逆三角関数 ……………… *25*
2.7　三角関数の応用例 ……………… *26*
　　2.7.1　交流の瞬時値 ……………… *26*
　　2.7.2　三　相　交　流 ……………… *28*
演　習　問　題 ……………… *29*

3.　複　　素　　数

3.1　複素数とは ……………… *31*
3.2　複素数の表現 ……………… *32*
　　3.2.1　直交座標表示 ……………… *32*
　　3.2.2　三角関数表示 ……………… *32*
　　3.2.3　極座標表示 ……………… *33*
　　3.2.4　指数関数表示 ……………… *33*
　　3.2.5　表現のまとめ ……………… *34*
3.3　共　役　複　素　数 ……………… *35*
3.4　複素数の応用例 ……………… *36*
　　3.4.1　正弦波交流 ……………… *36*
　　3.4.2　インピーダンス ……………… *37*
　　3.4.3　複　素　電　力 ……………… *39*
演　習　問　題 ……………… *40*

4.　ベ　ク　ト　ル

4.1　ベクトルとは ……………… *42*
4.2　ベクトルの表現 ……………… *42*
　　4.2.1　ベクトルの成分 ……………… *43*

4.2.2 ベクトルの相等…………… 44
4.2.3 位置ベクトル…………… 44
4.2.4 面積ベクトル…………… 45
4.3 ベクトルの和と差………… 45
4.4 スカラーとベクトルの積…… 46
4.5 ベクトルとベクトルの積…… 47
　4.5.1 スカラー積（内積）……… 47
　4.5.2 ベクトル積（外積）……… 49
4.6 ベクトルの応用例………… 52
　4.6.1 磁界と電流の間に働く力
　　　　………………………… 52
　4.6.2 磁界中を運動する
　　　　荷電粒子に働く力……… 52
　4.6.3 三電圧計法…………… 54
演　習　問　題………………… 55

5. 行列と行列式

5.1 行　列　と　は…………… 58
5.2 行　列　の　種　類………… 58
5.3 行　列　の　演　算………… 62
　5.3.1 行列の和と差………… 62
　5.3.2 行　列　の　積………… 63
5.4 行　　列　　式…………… 64
　5.4.1 行列式とは…………… 64
　5.4.2 行列式の性質………… 65
5.5 余　　因　　子…………… 68
　5.5.1 余因子とは…………… 68
　5.5.2 余因子展開…………… 69
5.6 余　因　子　行　列………… 70
5.7 逆　　行　　列…………… 71
5.8 行列の応用例……………… 74

5.8.1 連立方程式
　　　（クラメルの公式）……… 74
5.8.2 ブリッジ回路…………… 78
5.8.3 二端子対回路…………… 80
5.8.4 回　転　行　列…………… 82
演　習　問　題………………… 83

6. 微分と積分

6.1 微　分　と　は…………… 85
6.2 導関数と微分法の定理…… 86
　6.2.1 関数の導関数………… 86
　6.2.2 微分法の定理………… 88
6.3 偏微分と全微分…………… 90
6.4 微分の応用例……………… 92
　6.4.1 電気磁気量の表現……… 92
　6.4.2 微分演算子…………… 93
6.5 積　分　と　は…………… 97
6.6 不定積分と積分法の定理…… 98
　6.6.1 不定積分の公式………… 99
　6.6.2 不定積分の定理……… 100
6.7 積分の応用例…………… 101
　6.7.1 交流の平均値と実効値… 101
　6.7.2 交　流　の　電　力……… 102
演　習　問　題………………… 104

7. 関数の展開と近似計算

7.1 関数展開の基本公式……… 106
7.2 関数の展開式…………… 107
　7.2.1 指　数　関　数………… 107
　7.2.2 対　数　関　数………… 107
　7.2.3 三　角　関　数………… 108

7.2.4 オイラーの公式 ………… 110
7.2.5 二項定理 ………… 111
7.3 近似式と近似計算 ………… 112
　7.3.1 近似式 ………… 112
　7.3.2 近似計算 ………… 113
演習問題 ………… 114

8. 微分方程式

8.1 微分方程式とは ………… 115
8.2 微分方程式の解法 ………… 116
　8.2.1 1階線形微分方程式 ………… 116
　8.2.2 1階線形微分方程式の応用例 ………… 118
　8.2.3 2階線形微分方程式 ………… 121
　8.2.4 2階線形微分方程式の応用例 ………… 123
演習問題 ………… 127

9. フーリエ級数

9.1 フーリエ級数とは ………… 129
9.2 フーリエ級数の係数 ………… 130
9.3 複素フーリエ級数 ………… 133
9.4 フーリエ級数の応用例 ………… 136
　9.4.1 ひずみ波のフーリエ級数 ………… 136
　9.4.2 ひずみ波交流 ………… 140
9.5 フーリエ変換 ………… 143
演習問題 ………… 146

10. ラプラス変換

10.1 ラプラス変換とは ………… 148
10.2 ラプラス変換による回路解析 ………… 149
10.3 ラプラス変換と対関数 ………… 152
　10.3.1 基本関数のラプラス変換 ………… 152
　10.3.2 ラプラス対関数 ………… 155
10.4 ラプラス変換に関する定理 ………… 156
10.5 ラプラス逆変換 ………… 160
　10.5.1 部分分数展開 ………… 160
　10.5.2 留数演算 ………… 161
10.6 ラプラス変換の応用例 ………… 162
　10.6.1 回路の伝達関数 ………… 162
　10.6.2 回路の過渡現象 ………… 164
10.7 z 変換 ………… 166
演習問題 ………… 169

11. 双曲線関数

11.1 双曲線関数とは ………… 171
11.2 双曲線関数のグラフ ………… 172
11.3 双曲線関数の公式 ………… 173
11.4 双曲線関数の応用例 ………… 177
　11.4.1 分布定数回路 ………… 177
　11.4.2 架空電線 ………… 181
演習問題 ………… 183

演習問題解答 ………… 184
索引 ………… 198

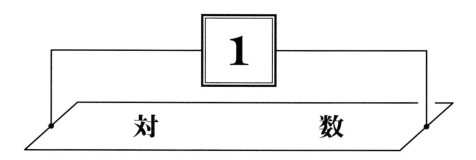

1 対数

対数とはある数を指数関数で表したときの指数のことで、例えば100は10^2であるから対数で表すと2となる。この例のように指数関数のベースに10を用いる対数を常用対数といい、10の代わりにe（= 2.718 281…）を用いる対数を自然対数という。日常的には10進法を用いるため常用対数が広く使用されるが、数学における微積分や自然界におけるさまざまな現象を扱う場合には自然対数が用いられる。本章では、対数の基本性質および常用対数と自然対数の基礎的事項について説明した後、対数の応用例としてデシベルやサーミスタの温度特性などについて説明する。

1.1 対 数 と は

対数（logarithm）は数の表現法の一つで、大きな数や小さな数、あるいは広範囲の数を扱う場合に便利である。

いま、数Nを次式のように指数形式で表現する。

$$N = a^x \qquad (a > 0, \neq 1) \tag{1.1}$$

ここで、aの値が決まると数Nに対してただ一つのxが定まる。このxの値を

$$x = \log_a N \tag{1.2}$$

と書き、aを**底**とするNの対数という。また、このときのNを**真数**といい、つねに$N > 0$である。底aは1以外の正の数であれば自由に選べるが、一般によく用いられるのは、10とe（= 2.718 281…）である。

10を底とする対数は**常用対数**,eを底とする対数は**自然対数**と呼ばれる。

$$\text{常用対数}: \log_{10} N \quad (= \log N) \tag{1.3}$$

$$\text{自然対数}: \log_e N \quad (= \ln N) \tag{1.4}$$

通常扱う数は10進数のため,一般に底を10とする常用対数が用いられるが,電気電子工学をはじめとする工学の分野で扱う微分や積分,あるいは微分方程式などで現れる対数は,eを底とする自然対数が用いられる。

また,括弧中に示したように,常用対数は底10を書かずに単に$\log N$,これと区別するために自然対数を$\ln N$とする表記法も用いられる。本書でも底を書かない場合は,この表記法に従う。

1.2 対数の基本性質

まず,$a^0 = 1, a^1 = a$より,1の対数は0,真数が底と同じ対数は1となる。

① $\log_a 1 = 0$ (1.5)

② $\log_a a = 1$ (1.6)

つぎに,積と商の対数はそれぞれの対数の和と差になる。

③ $\log_a(MN) = \log_a M + \log_a N$ (1.7)

④ $\log_a(M/N) = \log_a M - \log_a N$ (1.8)

この関係式を簡単に証明すると,$M = a^x$, $N = a^y$とおくと,$x = \log_a M$, $y = \log_a N$となる。

$$MN = a^x \cdot a^y = a^{x+y} \tag{1.9}$$

$$M/N = a^x/a^y = a^{x-y} \tag{1.10}$$

式(1.9)と式(1.10)において,両辺の対数を取れば

∴ $\log_a(MN) = x + y = \log_a M + \log_a N$

∴ $\log_a(M/N) = x - y = \log_a M - \log_a N$

さらに,べき乗や累乗根の対数は以下の関係が成立する。

⑤ $\log_a M^p = \log_a(\underbrace{M \cdot M \cdot \cdots \cdot M}_{p \text{個}})$

$$= \log_a M + \log_a M + \cdots + \log_a M = p \log_a M \tag{1.11}$$

⑥ $\log_a \sqrt[p]{M} = \log_a M^{\frac{1}{p}} = \dfrac{1}{p} \log_a M \tag{1.12}$

1.3 底の変換

いま，$N = a^x \, (x = \log_a N)$ について，b を底として両辺の対数をとると

$$\begin{aligned}
\log_b N &= \log_b a^x \\
&= x \log_b a \qquad (x = \log_a N) \\
&= \log_a N \cdot \log_b a
\end{aligned} \tag{1.13}$$

式(1.13)を書き直すと

$$\log_a N = \frac{\log_b N}{\log_b a} \tag{1.14}$$

となる。ここで，$\log_b a$ は定数となるため，式(1.14)を用いれば N の対数の底を a から b に変換できる。

自然対数を常用対数に変換，あるいはその逆の変換を行うには，式(1.14)で，$a = e$，$b = 10$ とすると

$$\log_e N = \frac{\log_{10} N}{\log_{10} e} \tag{1.15}$$

となり，以下の変換式が得られる。

- 常用対数を自然対数に変換する場合
$$\log_{10} N = \log_{10} e \cdot \log_e N \fallingdotseq 0.434 \, \log_e N \tag{1.16}$$
- 自然対数を常用対数に変換する場合
$$\log_e N = \frac{1}{\log_{10} e} \log_{10} N \fallingdotseq 2.302 \log_{10} N \tag{1.17}$$

1.4 仮数と指標

ある数 N は，1 以上で 10 より小さい数 a と整数 b を用いて，次式のように 10 のべき乗の形で表現できる．

$$N = a \times 10^b \quad (1 \leq a < 10, \ b は整数) \tag{1.18}$$

例えば，153.4 と 0.024 5 の数字は以下のようになる．

$$153.4 = 1.534 \times 10^2 \qquad a = 1.534, b = 2$$
$$0.024\,5 = 2.45 \times 10^{-2} \qquad a = 2.45, b = -2$$

いま，式(1.18)の両辺の常用対数をとると

$$\log_{10} N = \log_{10}(a \times 10^b) = \log_{10} a + \log_{10} 10^b$$

ここで，$\log_{10} 10^b = b \log_{10} 10 = b$ より

$$\therefore \quad \log_{10} N = \log_{10} a + b \tag{1.19}$$

式(1.19)で，$\log_{10} a$ を**仮数**，b を**指標**という．

例えば，3，30，300 という数字の対数は

$$\log_{10} 3 \fallingdotseq 0.477$$
$$\log_{10} 30 \fallingdotseq 1.477 = 0.477 + 1$$
$$\log_{10} 300 \fallingdotseq 2.477 = 0.477 + 2$$

となり，いずれも同じ仮数となる．指標は一桁すなわち 10 倍ごとに 1 増える．

また，0.3，0.03 の対数は以下のようになる．

$$\log_{10} 0.3 \fallingdotseq 0.477 - 1$$
$$\log_{10} 0.03 \fallingdotseq 0.477 - 2$$

図 1.1(a)はこれらの数の関係を図示したもので，0.03，0.3，3，30，300 は対数軸上でたがいの間隔が 1（$= \log 10$）で並んでいる．しかし，これらの数を図(b)のように通常の線形軸上で表示すると，300 に対してかなり小さい 0.03 や 0.3 の表示が困難になる．

このように，対数は広範囲の数を表示するのに便利で，この目的のために用

1.4 仮数と指標

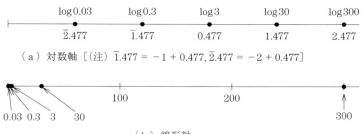

(a) 対数軸 [(注) $\bar{1}.477 = -1 + 0.477, \bar{2}.477 = -2 + 0.477$]

(b) 線形軸

図 1.1 異なる軸上での数の表示

いられるのが対数グラフである。対数グラフは**図 1.2** に示すように，軸が対数で目盛られている。通常の線形目盛と比較すると，対数目盛は大きい数の範囲を圧縮し，小さい数の範囲を拡大して表示していることがわかる。

なお，対数グラフには，**図 1.3**(a) に示すように，縦軸と横軸がともに対数

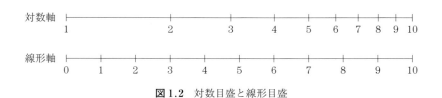

図 1.2 対数目盛と線形目盛

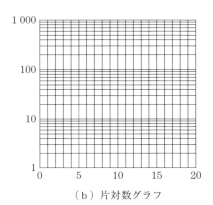

(a) 両対数グラフ   (b) 片対数グラフ

図 1.3 対数グラフ

目盛である両対数グラフと図(b)に示す片方の軸だけが対数目盛の片対数グラフがあり，用途によって使い分けられる．

1.5 対数の応用例

工学分野で扱う式や諸量には対数表現が多く用いられるが，ここでは電気電子工学分野の応用例を紹介する．

1.5.1 デ シ ベ ル

デシベル（dB）は二つの量の比を表す単位で，次式で定義される．

$$10 \log \frac{A_2}{A_1} \text{ [dB]} \tag{1.20}$$

二つの量の比 A_2/A_1 とデシベルの関係を**表 1.1** に示す．

表 1.1　二つの量の比とデシベルの関係

A_2/A_1	$\log(A_2/A_1)$	デシベル〔dB〕	A_2/A_1	$\log(A_2/A_1)$	デシベル〔dB〕
1	0	0	1	0	0
2	0.301	3.01	1/2	-0.301	-3.01
5	0.699	6.99	1/5	-0.699	-6.99
⋮	⋮	⋮	⋮	⋮	⋮
10	1	10	1/10	-1	-10
100	2	20	1/100	-2	-20
1 000	3	30	1/1 000	-3	-30
⋯	⋯	⋯	⋯	⋯	⋯

この表からわかるように，デシベルは $A_2/A_1 = 1$ のとき，すなわち二つの量 A_2 と A_1 が等しいとき 0 dB となる．そして，A_2/A_1 が 1 より大きいとき正，小さいとき負の値となり，A_2/A_1 が 10 倍あるいは 1/10 になるごとに 10 dB ずつ増減する．つまり，デシベルは対数を利用しているため，積は和，商は差として計算できる．これを増幅器と減衰器を例にとって，具体的に説明する．増

幅器とは入力信号を大きくして出力する装置で，入力信号に対する出力信号の比を利得（ゲイン）という。減衰器は増幅器と逆に，入力信号を適切なレベルに減衰させる装置である。

いま，図1.4(a)のように利得10倍と100倍の2台の増幅器を接続した場合，全体の利得は1 000倍（= 10 × 100）となり，これをデシベルで計算すると30 dB（= 10 dB + 20 dB）となる。また，図(b)のように，利得1 000倍の増幅器と利得1/2の減衰器を接続した場合，全体の利得は500倍（= 1 000/2）となり，デシベルで計算すると27 dB（= 30 dB − 3 dB）となる。

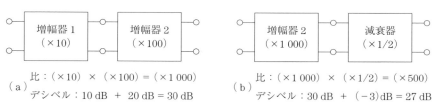

図1.4　増幅器と減衰器の利得

ところで，図1.5に示す増幅器の利得は，一般に入力電力 P_i と出力電力 P_o の比を用いて次式で定義され，これを**電力利得** G_p〔dB〕という。

図1.5　増幅器

$$G_p = 10 \log \frac{P_o}{P_i} \ 〔\mathrm{dB}〕 \tag{1.21}$$

ここで，入力抵抗 R_i と出力抵抗 R_o が等しいとき，$P = V^2/R$ の関係より

$$10 \log \frac{P_o}{P_i} = 10 \log \left(\frac{V_o}{V_i}\right)^2 = 20 \log \frac{V_o}{V_i}$$

同様に $P = RI^2$ より次式となる。

$$10 \log \frac{P_o}{P_i} = 10 \log \left(\frac{I_o}{I_i}\right)^2 = 20 \log \frac{I_o}{I_i}$$

すなわち，**電圧利得** G_v と**電流利得** G_i は，それぞれ入力電圧 V_i と出力電圧 V_o の比および入力電流 I_i と出力電流 I_o の比の対数の20倍となり，次式で表される。

$$G_v = 20 \log \frac{V_o}{V_i}, \quad G_i = 20 \log \frac{I_o}{I_i} \tag{1.22}$$

これを電力利得 $G_p = 20\,\mathrm{dB}$ の増幅器について考えてみる。式(1.21)より

$$G_p = 10 \log \frac{P_o}{P_i} = 20, \quad \log \frac{P_o}{P_i} = 2 \quad \therefore \quad P_o = 100 P_i$$

また，式(1.22)より

$$G_v = 20 \log \frac{V_o}{V_i} = 20, \quad \log \frac{V_o}{V_i} = 1 \quad \therefore \quad V_o = 10 V_i$$

したがって，利得20dBの増幅器では，出力電力は入力電力の100倍，出力電圧は入力電圧の10倍になる。つぎに，この増幅器が図1.6に示す周波数特性を持つとする。増幅器の利得 G_p は周波数が低いほうと高いほうで低下している。増幅器では，利得が最大利得の1/2に低下するまでの周波数範囲を帯域とする。表1.1より，1/2はデシベルで表すと $-3\,\mathrm{dB}$ になる。つまり，利得が1/2になることは，デシベルでは3dB減少することに相当する。したがって，この増幅器の最大利得の1/2は17dB（$= 20\,\mathrm{dB} - 3\,\mathrm{dB}$）となり，図より周波数帯域は40Hz～200kHzとなることがわかる。

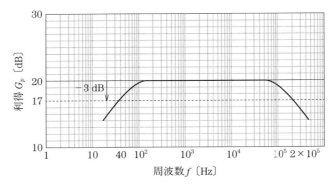

図1.6 増幅器の周波数特性

1.5.2 絶対デシベル

デシベルは二つの量の比を表すが，ある基準量に対する比を表す場合は**絶対デシベル**といって，添え字の付いたデシベル記号を使用する。例えば，通信分野でよく用いられるものに dBm（ディービーエム）や dBμ（ディービーマイクロ）がある。

　　dBm：1 mW を基準とした電力比

　　dBμ：1 μV を基準とした電圧比

すなわち，dBm や dBμ はそれぞれ電力や電圧の絶対値を表す単位である。1 mW は 0 dBm，1 W は 30 dBm となり，また 1 μV は 0 dBμ，1 V は 120 dBμ となる。

1.5.3 物理現象

対数はさまざまな物理現象から物質の特性を求めたり，現象をグラフ表現する際によく利用される。いくつかの具体例を以下に示す。

〔1〕 **サーミスタの温度特性**　　サーミスタとは温度によって抵抗値が変化する半導体で，温度センサなどに利用される。サーミスタの抵抗 R は

$$R = R_0 \exp\left(\frac{B}{T}\right) \tag{1.23}$$

で与えられる。ここで，exp は自然対数の底 e の指数関数を表す記号で，$\exp(B/T) = e^{B/T}$ である。また，B はサーミスタ定数，T は絶対温度，R_0 は定数である。いま，式(1.23)の自然対数をとると

$$\ln R = \ln R_0 + \frac{B}{T} \tag{1.24}$$

ここで，温度 T_1，T_2 のときの抵抗を R_1，R_2 とすると

$$\ln R_1 = \ln R_0 + \frac{B}{T_1} \tag{1.25}$$

$$\ln R_2 = \ln R_0 + \frac{B}{T_2} \tag{1.26}$$

式(1.25)と式(1.26)の差をとると

$$\ln R_1 - \ln R_2 = B\left(\frac{1}{T_1} - \frac{1}{T_2}\right) \tag{1.27}$$

ゆえに，サーミスタ定数 B は次式で与えられる。

$$B = \frac{\ln \dfrac{R_1}{R_2}}{\dfrac{1}{T_1} - \dfrac{1}{T_2}} \tag{1.28}$$

ここで，式(1.23)の常用対数をとると

$$\log R = \log R_0 + \frac{B \log e}{T} \tag{1.29}$$

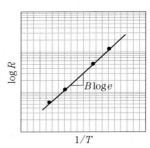

図 1.7 サーミスタの抵抗の温度特性

となり，$\log R$ と $1/T$ の関係は直線となる。したがって，実際の実験ではいくつかの異なる温度で抵抗を測定し，図 1.7 のように片対数グラフの縦軸に $\log R$，横軸に $1/T$ をとってプロットすれば，その傾き（$B \log e$）からサーミスタ定数 B が決定できる。

〔2〕**放射性物質の崩壊特性**　放射性物質の原子は放射線を放出して時間とともに減少する。時刻 t における原子数 N は最初の原子数を N_0 とすると，次式で与えられる。

$$N = N_0 e^{-\lambda t} \tag{1.30}$$

ここで，λ は原子の崩壊定数である。

いま，原子数 $N = N_0/2$ となる時間を $T_{1/2}$（半減期）とすると

$$\frac{N_0}{2} = N_0 e^{-\lambda T_{1/2}}$$

$$\frac{1}{2} = e^{-\lambda T_{1/2}}$$

両辺の自然対数をとると

$$\ln \frac{1}{2} = \ln e^{-\lambda T_{1/2}}$$

$$-\ln 2 = -\lambda T_{1/2}$$

したがって，半減期 $T_{1/2}$ は次式で与えられる．

$$T_{1/2} = \frac{\ln 2}{\lambda} \tag{1.31}$$

なお，この半減期 $T_{1/2}$ を用いて式(1.30)を表すと

$$N = N_0 e^{-\ln 2 \frac{t}{T_{1/2}}} = N_0 2^{-\frac{t}{T_{1/2}}} = N_0 \left(\frac{1}{2}\right)^{\frac{t}{T_{1/2}}} \tag{1.32}$$

となり，式(1.32)の常用対数とると

$$\log\left(\frac{N}{N_0}\right) = -\log 2 \frac{t}{T_{1/2}} \tag{1.33}$$

となる．図1.8(a)は，式(1.32)を通常の方眼グラフで表示したもので，原子数は指数関数的に減少するのに対して，縦軸を対数で表示した図(b)では，式(1.33)からわかるように直線的な変化となって現れる．

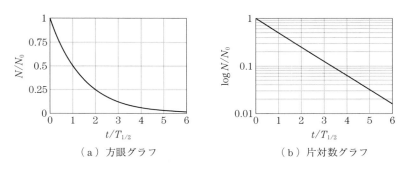

(a) 方眼グラフ　　　　　　(b) 片対数グラフ

図1.8　放射性原子の崩壊特性

演 習 問 題
(すべて手計算で行うこと)

【1】以下の対数の値を求めよ．

(1) $\log_2 32$　　(2) $\log_5 125$　　(3) $\log_2 \frac{1}{16}$　　(4) $\log_{10} \frac{1}{1\,000}$

(5) $\log_{0.2} 125$

【2】$\log 2 = 0.30$，$\log 3 = 0.48$ として，以下の問いに答えよ．

(1) $\log N$（$N : 1\sim 10$ までの整数）を求め，表1.2を完成せよ．ただし，計算不能な $\log N$ は × を記入すること．

表 1.2

N	1	2	3	4	5	6	7	8	9	10
$\log N$		0.30	0.48							

（2）以下の対数の値を求めよ。

① $\log 0.5$　② $\log \sqrt{6}$　③ $\log_2 6$　④ $\log_4 27$

【3】以下の式を計算せよ。

（1）$\log_6 4 + \log_6 9$　　（2）$\log_3 18 - \log_3 2$

（3）$\log_2 6 + \log_2 24 - 2\log_2 3$　　（4）$\log_{\sqrt{3}} \dfrac{1}{3} + \log_3 5 \log_5 9$

【4】半導体の電気伝導度 σ の温度特性は次式で与えられる。

$$\sigma = A \exp\left(-\dfrac{E}{kT}\right)$$

上式から活性化エネルギー E を導け。

【5】図 1.9 の増幅回路について，以下の問いに答えよ。

（1）入力に $V_i = 5\,\text{mV}$ の電圧を加えたとき，出力電圧 $V_o = 5\,\text{V}$ であった。増幅器 1 の電圧利得 $G_{v1} = 20\,\text{dB}$ のとき増幅器 2 の電圧利得 G_{v2} を求めよ。

（2）増幅器 1 の電圧利得 $G_{v1} = 30\,\text{dB}$，増幅器 2 の電圧利得 $G_{v2} = 70\,\text{dB}$ のとき，入力に $V_i = 2\,\mu\text{V}$ の電圧を加えたときの出力電圧 V_o を求めよ。

【6】図 1.10 の増幅回路で入力電圧 V_i を加えたときの出力電圧を V_o とする。入力抵抗 R_i，出力側の負荷抵抗 R_o として以下の問いに答えよ。

（1）増幅器の電力利得 G_p を求めよ。

（2）入力電圧 $V_i = 0.1\,\text{V}$，出力電圧 $V_o = 1\,\text{V}$，入力抵抗 $R_i = 10\,\text{k}\Omega$，負荷抵抗 $R_o = 1\,\text{k}\Omega$ のときの電力利得 G_P を求めよ。

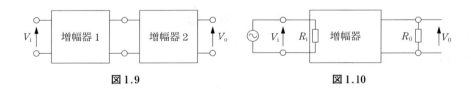

図 1.9　　　　　　　　図 1.10

三角関数は工学分野で最もよく使われる関数で,電気電子工学では交流の電圧,電流の表現やひずみ波交流の解析などに用いられる。本章では,三角関数の定義,基本的性質および定理などを説明した後,三角関数の応用例として交流の瞬時値および三相交流の電圧の取扱いについて紹介する。

2.1 三角関数とは

直角三角形において,一つの内角と二辺の比の関係を表すものを**三角比**という。いま,図2.1 の直角三角形 ABC で,∠B = θ とすると,三角比は

$$\sin\theta = \frac{b}{c}, \quad \cos\theta = \frac{a}{c}$$

$$\tan\theta = \frac{b}{a} \qquad (2.1)$$

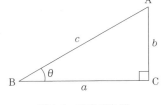

図 2.1 直角三角形

と表される。式 (2.1) の左辺の関数を三角関数といい sin は**正弦**,cos は**余弦**,tan は**正接**と呼ばれる。

三角比の場合,角度は $0 < \theta < 90°$ であるが,三角関数は角 θ が任意の値をとるため,次節のように定義される。

2.2 三角関数の定義

図 2.2 に示すように，原点 O を中心とする半径 r の円周上を動く点 $P(x, y)$ があり，動径 OP と x 軸のなす角を θ とする。このとき，三角関数は以下のように定義される。

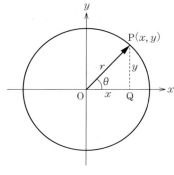

$$\left.\begin{array}{l} \sin\theta = \dfrac{y}{r} = \dfrac{\text{点 P の }y\text{ 座標}}{\text{半径}} \\[2mm] \cos\theta = \dfrac{x}{r} = \dfrac{\text{点 P の }x\text{ 座標}}{\text{半径}} \\[2mm] \tan\theta = \dfrac{y}{x} = \dfrac{\text{点 P の }y\text{ 座標}}{\text{点 P の }x\text{ 座標}} \end{array}\right\} \quad (2.2)$$

図 2.2 三角関数の定義

図 2.2 のように，点 P が第 1 象限にあるとき，点 P の座標 x と y は正の値をとるため三角関数も正の値となる。また，このとき三角形 OPQ は直角三角形となるため，$r = c$, $x = a$, $y = b$ と置き換えれば三角比となる。

角 θ が 90° より大きくなると，点 P は**図 2.3** のように第 2 象限，第 3 象限，第 4 象限へと移動する。ここで，点 P が第 2 象限にあるとき，x 座標は負，y 座標は正となるため，三角関数の符号は以下のようになる。

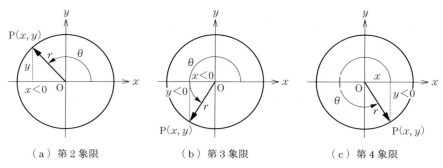

図 2.3 点 P 座標 (x, y) の符号

2.2 三角関数の定義

$$\sin\theta = \frac{y}{r} > 0, \quad \cos\theta = \frac{x}{r} < 0, \quad \tan\theta = \frac{y}{x} < 0 \tag{2.3}$$

このように，三角関数の符号は点 P がどの象限にあるかによって正あるいは負となる。各象限での三角関数の符号は**表 2.1** のようになる。なお，角 θ が 90°と 270°のとき，点 P は y 軸上にあり $x = 0$ となるため $\tan\theta \, (= y/x)$ の値は存在しない。

表 2.1　各象限での三角関数の符号

象限 \ 三角関数	$\sin\theta$ ($= y/r$)	$\cos\theta$ ($= x/r$)	$\tan\theta$ ($= y/x$)
第 1 象限 ($x>0, y>0$)	+	+	+
第 2 象限 ($x<0, y>0$)	+	−	−
第 3 象限 ($x<0, y<0$)	−	−	+
第 4 象限 ($x>0, y<0$)	−	+	−

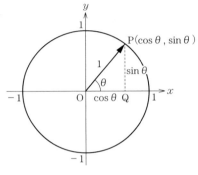

図 2.4　単位円上の点 P

つぎに，半径 $r = 1$ とすると，式 (2.2) より

$$\sin\theta = y, \quad \cos\theta = x \tag{2.4}$$

となり，**図 2.4** に示すように点 P の x 座標が $\cos\theta$，y 座標が $\sin\theta$ となる。この半径 $r = 1$ の円は**単位円**と呼ばれる。また，直角三角形 OPQ に三平方の定理を適用すれば次式の関係が導かれる。

$$\sin^2\theta + \cos^2\theta = 1 \tag{2.5}$$

なお，三角関数には $\sin\theta$，$\cos\theta$，$\tan\theta$ とそれらの逆数で表される以下の関数がある。

$$\operatorname{cosec}\theta = \frac{1}{\sin\theta}, \quad \sec\theta = \frac{1}{\cos\theta}, \quad \cot\theta = \frac{1}{\tan\theta} \tag{2.6}$$

また，これらの三角関数には式 (2.5) も含めて以下の関係がある。

$$\tan\theta = \frac{\sin\theta}{\cos\theta}$$

$$\sin^2\theta + \cos^2\theta = 1, \qquad \tan^2\theta + 1 = \sec^2\theta, \qquad \cot^2\theta + 1 = \mathrm{cosec}^2\theta$$

以上のように,三角関数は多くの関係式があるが,**図 2.5** を用いるとたがいの関係が簡単に整理できる。

図 2.5 は正六角形の中心に 1 を置き,中心線の左側の各頂点に上から $\sin\theta$, $\tan\theta$, $\sec\theta$ を配置し,右側にそれらに "co" を付けた $\cos\theta$, $\cot\theta$, $\mathrm{cosec}\,\theta$ を配置してある。このとき**図 2.6** の関係図を用いて以下の関係が成立する。

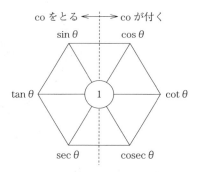

図 2.5 三角関数の配置図

（a） **対角線の関係**　図(a)に示すように,三本の対角線上にある三角関数はたがいに逆関数となる。例えば,$\sin\theta$ と対角にあるのは $\mathrm{cosec}\,\theta$ であるから $\sin\theta = 1/\mathrm{cosec}\,\theta$ となる。同様に,$\tan\theta = 1/\cot\theta$, $\sec\theta = 1/\cos\theta$ となる。

（b） **逆三角形の関係**　図(b)に示すように,三つの逆三角形の各頂点の三角関数は $a^2 + b^2 = c^2$ の関係を満足する。例えば,左下の逆三角形は $a = \tan\theta$, $b = 1$, $c = \sec\theta$ より,$\tan^2\theta + 1 = \sec^2\theta$ となる。同様に,$\sin^2\theta + \cos^2\theta = 1$, $1 + \cot^2\theta = \mathrm{cosec}^2\theta$ となる。

（c） **微分の関係**　六つの三角関数の微分は図(c)の矢印の関係を満足する。ただし,co の付く三角関数の微分は負号（－）を付ける。例えば,$\sin\theta$ を微分すると矢印の $\cos\theta$ となる。逆に $\cos\theta$ を微分すると $-\sin\theta$ となる。

また，$\tan\theta$ の場合二本の矢印のため，$\tan\theta$ の微分は $\sec^2\theta$ となる。さらに，$\sec\theta$ の場合矢印は行って戻るため，$\sec\theta$ の微分は $\tan\theta\sec\theta$ となる。同様に，$\cot\theta$ の微分は $-\mathrm{cosec}^2\theta$，$\mathrm{cosec}\,\theta$ の微分は $-\cot\theta\,\mathrm{cosec}\,\theta$ となる。

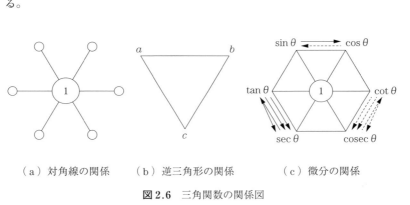

（a）対角線の関係　　（b）逆三角形の関係　　（c）微分の関係

図 2.6　三角関数の関係図

2.3　弧度法（ラジアン）

一般に角度に用いられる単位は，円の1周を360°と定義した**度数法**が用いられ，度（°），分（′），秒（″）で表される。1度（°）は円周の360分の1の角度，1分（′）は1度の60分の1の角度，1秒（″）は1分の60分の1の角度を表わすため，度数法は60分法とも呼ばれる。

角度を表すもう一つの単位に**弧度法**がある。弧度法の角度は**図 2.7** に示すように，角 θ が円周上で切り取る弧の長さ l と円の半径 r の比

$$\theta = \frac{l}{r} \qquad (2.7)$$

で定義され，単位は**ラジアン**（rad）である。すなわち，弧度法は角度 θ を弧の長さ l で表したもので，角度 θ の大きさは円の半径に依存し

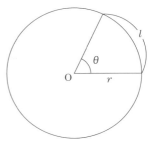

図 2.7　弧度法（ラジアン）

ないため,弧の長さを半径で割って表しているのである。

したがって,円の一周は弧度法では 2π rad となり,度数法では $360°$ となる。この関係を用いれば,弧度法の角度(θ〔rad〕)と度数法の角度($\alpha°$)の換算が容易にできる。すなわち

$$2\pi : 360 = \theta : \alpha \qquad \therefore \quad 360\,\theta = 2\pi\alpha$$

したがって

$$\text{度}(°) \to \text{ラジアン}(\text{rad}) : \theta = \frac{\pi}{180}\alpha \; \text{〔rad〕} \tag{2.8}$$

$$\text{ラジアン}(\text{rad}) \to \text{度}(°) : \alpha = \frac{180}{\pi}\theta \; \text{〔°〕} \tag{2.9}$$

ここで,1 ラジアン($l=r$ のとき)を式(2.9)より計算してみると,つぎのようになる。

$$\alpha = \frac{180°}{\pi} = \frac{180°}{3.141\,6} = 57.296°$$
$$= 57°17'45''$$

これより,1 ラジアンは約 57.3° となり,この様子を**図 2.8**(a)に示す。図(b)は比較のために 60° の角度を示したもので,この場合△OAB は正三角形となり弦 AB $= r$ となる。これに対して,図(a)の 1 ラジアンの角度は弧 AB が r となるため,60° より少し小さい角度の 57.3° となる。よく用いられる度数法と弧度法の角度の関係を**表 2.2** に示す。

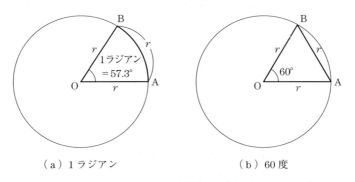

(a) 1 ラジアン　　　　　(b) 60 度

図 2.8 1 ラジアンと 60 度

2.4 三角関数のグラフ

表 2.2 度数法と弧度法

度数法 (α)	180°	90°	60°	45°	30°
弧度法 (θ)	π	$\pi/2$	$\pi/3$	$\pi/4$	$\pi/6$

なお，角 θ の符号は図 2.9(a)のように，点 P が反時計方向（左回り）に回転して生じる角を正（＋）とし，その逆に時計方向（右回り）に回転して生じる角を負（－）とする。図(b)の点 P が作る角度は $\theta = 60°$ あるいは $\theta = -300°$ となり，弧度法では $\theta = \pi/3$ あるいは $\theta = -5\pi/3$ となる。

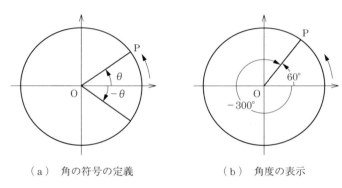

(a) 角の符号の定義　　　(b) 角度の表示

図 2.9 角度と符号

2.4 三角関数のグラフ

すでに説明したように，単位円の円周上の点 P の y 座標が $\sin\theta$ となる。そこで，図 2.10 のように，点 P を反時計方向に回転したときの y の値を横軸に角 θ をとってプロットすれば正弦曲線 $\sin\theta$ となる。

また，このときの x の値をプロットすれば余弦曲線 $\cos\theta$ が得られる。図 2.11 に $\sin\theta$，$\cos\theta$，$\tan\theta$ のグラフを示す。

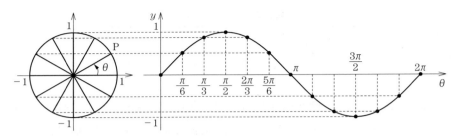

図 2.10 正弦曲線 $\sin\theta$

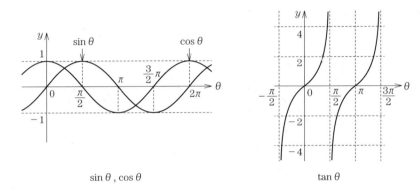

$\sin\theta, \cos\theta$ \hspace{4em} $\tan\theta$

図 2.11 $\sin\theta$, $\cos\theta$, $\tan\theta$ のグラフ

2.5 三角関数に関する性質

2.5.1 負($-$)の角の三角関数

図 2.12 からわかるように，負の角 ($-\theta$) のとき y 座標の符号が変わるため，以下が成り立つ。

$$\left.\begin{array}{l}\sin(-\theta)=-\sin\theta\\ \cos(-\theta)=\cos\theta\\ \tan(-\theta)=-\tan\theta\end{array}\right\} \quad (2.10)$$

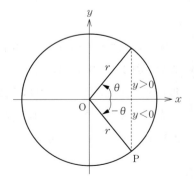

図 2.12 負の角の三角関数

2.5.2 第1象限の角による表現

図 2.13 に示すように,点 P が 120° の位置にあるとする。このとき

$$\sin 120° = \sqrt{3}/2$$

となり,30° のときの余弦

$$\cos 30° = \sqrt{3}/2$$

と等しい。すなわち

$$\sin 120° = \sin(90° + 30°)$$
$$= \frac{\sqrt{3}}{2} = \cos 30°$$

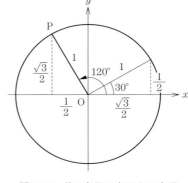

図 2.13 第1象限の角による表現

同様に

$$\cos 120° = \cos(90° + 30°) = -\frac{1}{2}$$
$$= -\sin 30°$$
$$\tan 120° = \tan(90° + 30°) = -\sqrt{3}$$
$$= -\cot 30°$$

この結果から以下の関係が成り立つ。

$$\left. \begin{array}{l} \sin(90° + \theta) = \cos \theta \\ \cos(90° + \theta) = -\sin \theta \\ \tan(90° + \theta) = -\cot \theta \end{array} \right\} \qquad (2.11)$$

このような考え方を用いれば,第2,第3および第4象限の三角関数はすべて第1象限の三角関数で表現できる。第1象限への変換は,図 2.13 のように作図をすることによって求められるが,以下の第1象限の三角関数への変換方法を用いると便利である。

第1象限の三角関数への変換方法
(1) 変換前のもとの角度を以下のように表現する。
　　$90° \times n \pm \theta$ あるいは,$\theta \pm 90° \times n$　　$(0 \leqq \theta \leqq 90°)$
(2) 変換後の三角関数を決定する。

n が奇数のとき	n が偶数のとき
変換前　変換後	変換前　変換後
sin→cos	sin→sin
cos→sin	cos→cos
tan→cot	tan→tan
すなわち，もとの三角関数で co がないのは co を付け，co があるのは co を取る。	すなわち，もとの三角関数のままである。

(3) 変換前のもとの三角関数の正負の符号を，変換後の θ のみの三角関数に付ける。

例として，$90°+\theta$ と $180°-\theta$ の場合に，この変換方法を適用してみる。まず，$90°+\theta$ は $90°\times 1+\theta$ で，$n=1$ と奇数になるから

$$\sin\to\cos,\quad \cos\to\sin,\quad \tan\to\cot$$

つぎに，$90°+\theta$ は第2象限の角となるので，sin は正（＋），cos と tan は負（－）となり，式(2.11)が得られる。つぎに，$180°-\theta$ の場合は，$90°\times 2-\theta$ で，$n=2$ と偶数になるから三角関数はもとのままで変わらない。また，$180°-\theta$ は第2象限の角となるので，sin は正（＋），cos と tan は負（－）となり，以下のように変換される。

$$\left.\begin{array}{l}\sin(180°-\theta)=\sin\theta \\ \cos(180°-\theta)=-\cos\theta \\ \tan(180°-\theta)=-\tan\theta\end{array}\right\} \quad (2.12)$$

2.5.3　三角関数に関する公式

〔1〕　加法定理

$$\left.\begin{array}{l}\sin(\alpha\pm\beta)=\sin\alpha\cos\beta\pm\cos\alpha\sin\beta \\ \cos(\alpha\pm\beta)=\cos\alpha\cos\beta\mp\sin\alpha\sin\beta \\ \tan(\alpha\pm\beta)=\dfrac{\tan\alpha\pm\tan\beta}{1\mp\tan\alpha\tan\beta}\end{array}\right\} \quad (2.13)$$

〔2〕 倍角の公式

$$\left.\begin{array}{l}\sin 2\theta = 2\sin\theta\cos\theta \\ \cos 2\theta = \cos^2\theta - \sin^2\theta = 1 - 2\sin^2\theta = 2\cos^2\theta - 1 \\ \tan 2\theta = \dfrac{2\tan\theta}{1-\tan^2\theta}\end{array}\right\} \quad (2.14)$$

〔3〕 三角関数の積を和に変換

$$\left.\begin{array}{l}\sin\alpha\cos\beta = \dfrac{1}{2}\{\sin(\alpha+\beta)+\sin(\alpha-\beta)\} \\ \cos\alpha\sin\beta = \dfrac{1}{2}\{\sin(\alpha+\beta)-\sin(\alpha-\beta)\} \\ \cos\alpha\cos\beta = \dfrac{1}{2}\{\cos(\alpha+\beta)+\cos(\alpha-\beta)\} \\ \sin\alpha\sin\beta = -\dfrac{1}{2}\{\cos(\alpha+\beta)-\cos(\alpha-\beta)\}\end{array}\right\} \quad (2.15)$$

〔4〕 三角関数の和を積に変換

$$\left.\begin{array}{l}\sin\alpha + \sin\beta = 2\sin\dfrac{\alpha+\beta}{2}\cos\dfrac{\alpha-\beta}{2} \\ \sin\alpha - \sin\beta = 2\cos\dfrac{\alpha+\beta}{2}\sin\dfrac{\alpha-\beta}{2} \\ \cos\alpha + \cos\beta = 2\cos\dfrac{\alpha+\beta}{2}\cos\dfrac{\alpha-\beta}{2} \\ \cos\alpha - \cos\beta = -2\sin\dfrac{\alpha+\beta}{2}\sin\dfrac{\alpha-\beta}{2}\end{array}\right\} \quad (2.16)$$

2.5.4 三角関数の合成

正弦（sin）と余弦（cos）の和は合成して一つの正弦（sin）あるいは余弦（cos）で表現できる。

① $a \sin\theta + b \cos\theta = \sqrt{a^2 + b^2} \sin(\theta + \alpha), \quad \alpha = \tan^{-1}\dfrac{b}{a}$

(2.17)

いま，図 2.14 のような直角三角形を考えると

$$a = \sqrt{a^2 + b^2} \cos\alpha$$
$$b = \sqrt{a^2 + b^2} \sin\alpha$$

これらの式を式(2.17)の左辺に代入すると

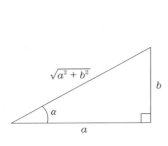

図 2.14　位相角 α

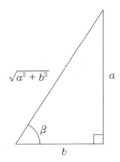

図 2.15　位相角 β

$$\sqrt{a^2 + b^2} \cos\alpha \sin\theta + \sqrt{a^2 + b^2} \sin\alpha \cos\theta$$
$$= \sqrt{a^2 + b^2}(\sin\theta \cos\alpha + \cos\theta \sin\alpha)$$

ここで，加法定理より，$\sin\theta \cos\alpha + \cos\theta \sin\alpha = \sin(\theta + \alpha)$ となり，合成式(2.17)が導かれる。

② $a \sin\theta + b \cos\theta = \sqrt{a^2 + b^2} \cos(\theta - \beta), \quad \beta = \tan^{-1}\dfrac{a}{b}$

(2.18)

いま，図 2.15 のような直角三角形を考えると

$$a = \sqrt{a^2 + b^2} \sin\beta$$
$$b = \sqrt{a^2 + b^2} \cos\beta$$

上式を式(2.18)の左辺に代入すると

$$\sqrt{a^2+b^2}\sin\beta\sin\theta + \sqrt{a^2+b^2}\cos\beta\cos\theta$$
$$= \sqrt{a^2+b^2}(\cos\theta\cos\beta + \sin\theta\sin\beta)$$

ここで，加法定理より，$\cos\theta\cos\beta + \sin\theta\sin\beta = \cos(\theta-\beta)$ となり，合成式(2.18)が導かれる。

2.5.5 正弦定理と余弦定理

図2.16の三角形の三辺を a, b, c, そして，その対角を α, β, γ とするとき，以下の関係が成り立つ。

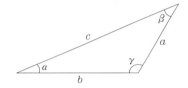

図2.16 正弦定理と余弦定理

〔1〕 正弦定理

$$\frac{a}{\sin\alpha} = \frac{b}{\sin\beta} = \frac{c}{\sin\gamma} \qquad (2.19)$$

〔2〕 余弦定理

$$\left.\begin{array}{l} a^2 = b^2 + c^2 - 2bc\cos\alpha \\ b^2 = c^2 + a^2 - 2ca\cos\beta \\ c^2 = a^2 + b^2 - 2ab\cos\gamma \end{array}\right\} \qquad (2.20)$$

2.6 逆三角関数

関数 $y = f(x)$ を x について解いて $x = g(y)$ となるとき，この x を $y = f(x)$ の逆関数という。三角関数にも逆関数が存在し，$y = \sin\theta$ の**逆三角関数**を次式のように表す。

$$\theta = \sin^{-1} y \qquad (インバースサイン y という) \qquad (2.21)$$

あるいは

$$\theta = \arcsin y \quad (アークサイン y という) \tag{2.22}$$

例えば，$\sin 60° = \sqrt{3}/2$ の逆三角関数表示は

$$60° = \sin^{-1}(\sqrt{3}/2)$$

となる．この式は，正弦（sin）の値が $\sqrt{3}/2$ となる角は $60°$ であることを意味する．しかし，三角関数は周期関数のため，正弦の値が $\sqrt{3}/2$ となる角は $60°$ 以外に，$120°$，$420°$，…と無限の角が存在する．

このように，逆三角関数を満足する角は無限にあるため，角 θ の範囲が決まらないとその値も決まらない．一般には，絶対値が最小の角で表され，この最小の角を逆三角関数の**主値**という．$\sin^{-1} y$ と $\tan^{-1} y$ の主値は $-\dfrac{\pi}{2} \leqq \theta \leqq \dfrac{\pi}{2}$ の範囲にあり，$\cos^{-1} y$ の主値は $0 \leqq \theta \leqq \pi$ の範囲にある．

2.7　三角関数の応用例

2.7.1　交流の瞬時値

図 2.17 は抵抗 R に交流電源が接続された交流回路である．正弦波交流電圧の瞬時値 v は時間 t の関数として

$$v = V_m \sin \omega t \tag{2.23}$$

と表される．ここで，V_m 〔V〕は電圧の振幅，ω 〔rad/s〕は**角周波数**で，周

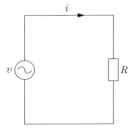

図 2.17　交流回路

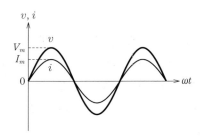

図 2.18　電圧 v と電流 i の時間変化

波数 f〔Hz〕とは $\omega = 2\pi f$ なる関係がある。回路を流れる電流 i は次式で表される。

$$i = \frac{v}{R} = \frac{V_m}{R}\sin \omega t \tag{2.24}$$

ここで，電流の振幅 $I_m = \dfrac{V_m}{R}$ とおくと次式となる。

$$i = I_m \sin \omega t \tag{2.25}$$

このときの電圧 v と電流 i の波形を**図 2.18** に示す。電圧 v と電流 i の時間変化は，振幅の違いを除けば同じである。これは，図 2.17 の回路が抵抗のみからなるためで，もしコイルやコンデンサが含まれると電圧と電流の波形は時間的にずれ[†]，これを回路では「**位相**がずれる」という。この表現を用いると，抵抗だけのときは電圧と電流の位相が同じ，すなわち**同相**であるという。

つぎに，電圧 v と電流 i の積で与えられる瞬時電力 p は次式で表される。

$$p = vi = V_m \sin \omega t \, I_m \sin \omega t = V_m I_m \sin^2 \omega t \tag{2.26}$$

ここで，倍角の公式(2.14)を適用すると

$$\sin^2 \omega t = \frac{1 - \cos 2\omega t}{2}$$

となり

$$p = vi = V_m I_m \frac{1 - \cos 2\omega t}{2} \tag{2.27}$$

が得られる。ここで，$\cos 2\omega t$ は**図 2.19** からわかるように，1 周期の間で正負の面積が等しいため平均値は 0 となる。

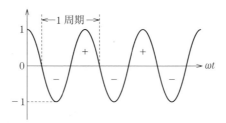

図 2.19 $\cos 2\omega t$ の波形

[†] この理由は 3 章の複素数の応用例を参照。

したがって，平均電力 P は

$$P = \frac{V_m I_m}{2} \tag{2.28}$$

と求められる。

ここで，電圧と電流に以下の実効値[†]

$$V_e = \frac{V_m}{\sqrt{2}}, \quad I_e = \frac{I_m}{\sqrt{2}}$$

を用いると

$$P = \frac{V_m I_m}{2} = \frac{V_m}{\sqrt{2}} \frac{I_m}{\sqrt{2}} = V_e I_e \tag{2.29}$$

となり，交流電力は直流と同様に電圧と電流の積で与えられる。このため，交流の電圧，電流は一般に実効値が用いられる。

2.7.2 三相交流

図 2.20 の三相交流の各相の電圧は以下で表される。

$$\left. \begin{array}{l} e_1 = E_m \sin \omega t \\ e_2 = E_m \sin(\omega t - 120°) \\ e_3 = E_m \sin(\omega t - 240°) \end{array} \right\} \tag{2.30}$$

各相の電圧は 120° ずつ位相がずれ，このときの波形は図 2.21 のようになる。

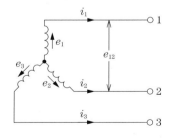

図 2.20 三相交流

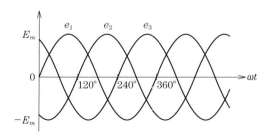

図 2.21 三相電圧の波形

[†] 実効値は，6.7.1 項で定義され，正弦波交流の実効値は振幅の $1/\sqrt{2}$ となる。ちなみに，一般家庭で使用されている交流電圧の実効値は 100 V である。

ここで，線路1と線路2の間の線間電圧 e_{12} は

$$e_{12} = e_1 - e_2 = E_m \sin \omega t - E_m \sin(\omega t - 120°)$$
$$= E_m(\sin \omega t - \sin(\omega t - 120°)) \tag{2.31}$$

ここで，和と積の公式(2.16)

$$\sin \alpha - \sin \beta = 2 \cos \frac{\alpha + \beta}{2} \sin \frac{\alpha - \beta}{2}$$

を適用すると次式のようになる。

$$\sin \omega t - \sin(\omega t - 120°)$$
$$= 2 \cos \frac{\omega t + (\omega t - 120°)}{2} \sin \frac{\omega t - (\omega t - 120°)}{2}$$
$$= 2 \cos(\omega t - 60°) \sin 60°$$
$$= \sqrt{3} \cos(\omega t - 60°)$$

ここで，式(2.11)の $\sin(90° + \theta) = \cos \theta$ で $\theta = \omega t - 60°$ とおくと

$$\sqrt{3} \cos(\omega t - 60°) = \sqrt{3} \sin(90° + (\omega t - 60°))$$
$$= \sqrt{3} \sin(\omega t + 30°) \tag{2.32}$$

したがって

$$e_{12} = \sqrt{3} E_m \sin(\omega t + 30°) \tag{2.33}$$

この結果から，線間電圧 e_{12} の振幅は各相の電圧の $\sqrt{3}$ 倍で，位相は相電圧 e_1 より $30°$ 進んでいることがわかる。

演習問題

(すべて手計算で求めよ)

【1】 以下の三角関数の値を求めよ。

(1) $\sin 150°$ (2) $\cos 120°$ (3) $\tan 135°$ (4) $\tan 300°$

(5) $\sin(-30°)$ (6) $\sin(-120°)$ (7) $\sin \frac{2}{3}\pi$ (8) $\sin \frac{4}{3}\pi$

(9) $\cos \frac{7}{3}\pi$ (10) $\tan \frac{3}{4}\pi$ (11) $\cos\left(-\frac{\pi}{3}\right)$ (12) $\tan\left(-\frac{\pi}{4}\right)$

2. 三角関数

【2】以下の式を満足する θ の値を求めよ。ただし，$0 \leqq \theta < \pi$ とする。

(1) $\sin\theta = \dfrac{\sqrt{3}}{2}$ (2) $\cos\theta = \dfrac{1}{\sqrt{2}}$ (3) $\tan\theta = -\sqrt{3}$

(4) $\sqrt{2}\sin\theta = 1$ (5) $2\cos\theta = \sqrt{3}$ (6) $\sqrt{3}\tan\theta = 1$

(7) $\sin(-\theta) + 2\sin\left(\dfrac{\pi}{2} - \theta\right) + \sin(\pi - \theta) = 1$

(8) $2\cos^2\theta - 5\sin\theta + 1 = 0$

【3】以下の式を θ のみの三角関数で表せ。

(1) $\sin(270° + \theta)$ (2) $\cos(\theta + 180°)$ (3) $\tan\left(\dfrac{\pi}{2} - \theta\right)$

(4) $\cos(2\pi - \theta)$ (5) $\sin(\theta - \pi)$

【4】(1) $\sin\theta + \sqrt{3}\cos\theta$ を sin 関数で表せ。

(2) $\sin\theta - \sqrt{3}\cos\theta$ を cos 関数で表せ。

【5】以下の式を計算せよ。ただし，角度は主値を用いること。

(1) $\sin^{-1}\left(-\dfrac{\sqrt{3}}{2}\right) + \cos^{-1}\left(\dfrac{\sqrt{3}}{2}\right) + \tan^{-1}(\sqrt{3})$

(2) $2\cos^{-1}\left(\dfrac{1}{2}\right) + \sin^{-1}\left(\dfrac{\sqrt{3}}{2}\right) - 4\tan^{-1}(1)$

(3) $\tan^{-1}\left(\dfrac{1}{4}\right) + \tan^{-1}\left(\dfrac{3}{5}\right)$

【6】以下の式を加法定理を用いて簡単にせよ。

(1) $\sin\left(\theta - \dfrac{\pi}{6}\right) + \sin\left(\theta + \dfrac{\pi}{2}\right) + \sin\left(\theta + \dfrac{\pi}{6}\right)$

(2) $\cos\left(\theta - \dfrac{\pi}{6}\right) + \cos\left(\theta - \dfrac{\pi}{2}\right) + \cos\left(\theta + \dfrac{\pi}{6}\right)$

【7】$e_1 = RI\sin\omega t$，$e_2 = \omega LI\cos\omega t$，$e_3 = -\dfrac{I}{\omega C}\cos\omega t$ として，以下の問いに答えよ。

(1) $e_1 + e_2$ を sin 関数で表せ。 (2) $e_1 + e_2 + e_3$ を sin 関数で表せ。

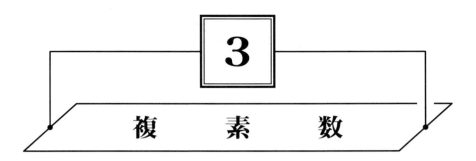

交流回路の解析では，電圧や電流を瞬時値ではなく大きさと位相による複素量として扱う。このため複素数は交流回路解析に不可欠で，利用法によっていろいろな表現形式の複素数が用いられる。本章では，複素数を有効に活用できるように，直交座標系，三角関数系，極座標系および指数関数系の四つの表現について説明する。複素数の応用例として，インピーダンスや複素電力について紹介する。

3.1 複素数とは

複素数（complex number）Z は実数と虚数からなる数で，次式のように表される。

$$Z = a + bi \tag{3.1}$$

また，Z が複素数であることを明示するのに，Z の上に点（・）を付けて次式のように表すこともある。

$$\dot{Z} = a + bi \tag{3.2}$$

ここで，a，b は実数，$i(=\sqrt{-1})$ は虚数単位である。a を複素数の**実部**（real part），b を**虚部**（imaginary part）といい，以下の表現が用いられる。

$$\left. \begin{array}{l} \mathrm{Re}(Z) = a \\ \mathrm{Im}(Z) = b \end{array} \right\} \tag{3.3}$$

なお，実部 $a = 0$ のとき次式のようになり，これを**純虚数**という。

$$Z = bi \tag{3.4}$$

3.2 複素数の表現

3.2.1 直交座標表示

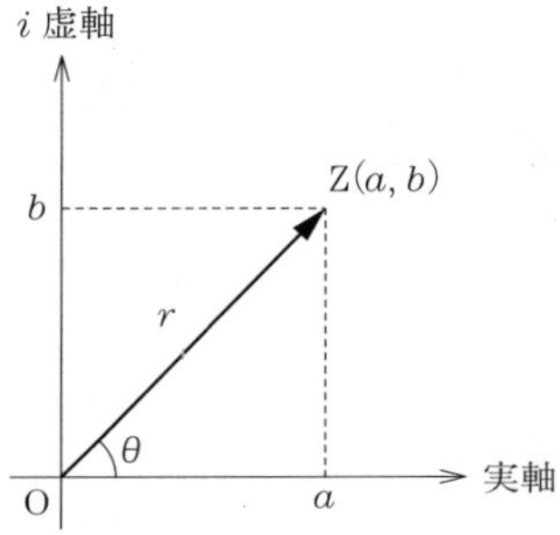

実数は数直線上で表現できるが，複素数は実部と虚部の二つの成分を持つので，図3.1のように，実部を横軸，虚部を縦軸にとって平面上で表現する。この平面を**複素平面**あるいは**ガウス平面**と呼び，横軸を実軸，縦軸を虚軸という。この複素平面上の点 Z(a, b) の数式表現は，すでに示したように

$$Z = a + bi$$

図 3.1 複素平面

となり，この形に表すことを**直交座標表示**という。

ところで，電気電子工学の分野では電流を表す記号に i が用いられるので，混同を避けるために虚数単位には j を使用し，虚数の前に配置して次式のように表記される。本書でも，複素数に j を使用した表記法を用いる。

$$a + bi \quad \rightarrow \quad a + jb \tag{3.5}$$

（数学）　　　（電気電子工学）

3.2.2 三角関数表示

図3.1で，OZ = r，OZ の実軸からの回転角を θ とすると

$$a = r\cos\theta, \quad b = r\sin\theta$$

となり，複素数 $a + jb$ は次式のように表される。

$$Z = a + jb = r\cos\theta + jr\sin\theta = r(\cos\theta + j\sin\theta) \tag{3.6}$$

ただし

$$r = \sqrt{a^2 + b^2}, \quad \theta = \tan^{-1}\frac{b}{a}$$

この形を複素数の**三角関数表示**という。

3.2.3 極座標表示

極座標表示は，$OZ = r$ と角 θ を用いて次式のように表す．

$$Z = a + jb = r\angle\theta \tag{3.7}$$

このとき，r を動径，θ を偏角という．

3.2.4 指数関数表示

複素数の三角関数表示（式(3.6)）において，次式のオイラーの公式（式の導出は 7.2 節の関数の展開式を参照）

$$\cos\theta + j\sin\theta = e^{j\theta} \tag{3.8}$$

を代入すると，複素数 Z は次式のように表される．

$$Z = re^{j\theta} \tag{3.9}$$

この形を複素数の**指数関数表示**という．式(3.9)で $r = 1$ とすると $Z = e^{j\theta}$ となり，**図 3.2** に示すように，複素平面上において原点を中心とする単位円の円周上で角度 θ の点 $Z(e^{j\theta})$ を表す．

ここで，$\theta = 0$ のとき

$$Z = e^{j0} = \cos 0 + j\sin 0 = 1$$

となり，点 Z は実軸上の 1 にある．

つぎに $\theta = \pi/2$ とすると

$$Z = e^{j\frac{\pi}{2}} = \cos\frac{\pi}{2} + j\sin\frac{\pi}{2} = j$$

となり，点 Z は虚軸上の j に移る．これは点 Z が単位円周上で，90°回転したことに相当する．このことから，複素指数関数 $e^{j\theta}$ は複素数を反時計方向に θ 回転させる回転演算子として働く**回転ベクトル**となる．

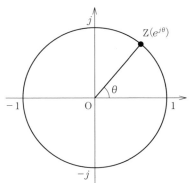

図 3.2 複素数の指数関数表示

3.2.5 表現のまとめ

以上をまとめると，複素数の表現は以下のようになる。

$$a + jb = r(\cos\theta + j\sin\theta) = re^{j\theta} = r\angle\theta$$

ここで

$$r = \sqrt{a^2 + b^2}, \quad \theta = \tan^{-1}\frac{b}{a}$$

$$\cos\theta = \frac{a}{\sqrt{a^2 + b^2}}, \quad \sin\theta = \frac{b}{\sqrt{a^2 + b^2}}$$

なお，式(3.8)の両辺を n 乗すると

$$(\cos\theta + j\sin\theta)^n = (e^{j\theta})^n = e^{jn\theta} = \cos n\theta + j\sin n\theta \tag{3.10}$$

となり

$$(\cos\theta + j\sin\theta)^n = \cos n\theta + j\sin n\theta \tag{3.11}$$

が成立する。式(3.11)を**ド・モアブルの定理**という。

また，三角関数は複素指数関数を用いると，以下のように表現できる。

【オイラーの公式】

$$e^{j\theta} = \cos\theta + j\sin\theta \qquad ①$$

で，$\theta = -\theta$ とおくと

$$e^{-j\theta} = \cos(-\theta) + j\sin(-\theta) = \cos\theta - j\sin\theta \qquad ②$$

式① + 式② より

$$e^{j\theta} + e^{-j\theta} = 2\cos\theta$$

$$\therefore \quad \cos\theta = \frac{e^{j\theta} + e^{-j\theta}}{2} \tag{3.12}$$

式① − 式② より

$$e^{j\theta} - e^{-j\theta} = 2j\sin\theta$$

$$\therefore \quad \sin\theta = \frac{e^{j\theta} - e^{-j\theta}}{2j} \tag{3.13}$$

3.3　共役複素数

複素数 $Z = a + jb$ の虚部の符号を変えたものを Z の**共役複素数**（complex conjugate number）といい，次式のように書く。

$$\overline{Z} = a - jb \tag{3.14}$$

複素数 Z の共役複素数 $\overline{Z}$ は，図 3.3 に示すように大きさ r が等しく，偏角 θ の符号が異なり，実軸に関して対称な点となる。指数関数表示では次式となる。

$$Z = re^{j\theta}, \quad \overline{Z} = re^{-j\theta} \tag{3.15}$$

【共役複素数の性質】

（1）複素共役の基本性質

$$\left.\begin{array}{l} \overline{Z_1 \pm Z_2} = \overline{Z_1} \pm \overline{Z_2} \\ \overline{Z_1 \cdot Z_2} = \overline{Z_1} \cdot \overline{Z_2} \\ \overline{\left(\dfrac{Z_2}{Z_1}\right)} = \dfrac{\overline{Z_2}}{\overline{Z_1}} \\ \overline{Z^n} = (\overline{Z})^n \end{array}\right\} \tag{3.16}$$

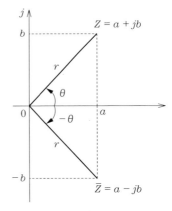

図 3.3　共役複素数

（2）複素数 $Z = a + jb$ の実部と虚部は，共役複素数 $\overline{Z}$ を用いて，以下のように表される。

$$\mathrm{Re}(Z) = a = \frac{Z + \overline{Z}}{2} \tag{3.17}$$

$$\mathrm{Im}(Z) = b = \frac{Z - \overline{Z}}{2j} \tag{3.18}$$

（3）たがいに共役な複素数の積は，複素数の大きさの 2 乗に等しい。

$$Z \cdot \overline{Z} = (a+jb)(a-jb) = a^2 + b^2 = |Z|^2 \tag{3.19}$$

指数関数表示では，以下のようになる．

$$Z \cdot \overline{Z} = re^{j\theta} \cdot re^{-j\theta} = r^2 e^{j0} = r^2 \tag{3.20}$$

3.4 複素数の応用例

3.4.1 正弦波交流

正弦波交流では，電流の瞬時値 $i(t)$ は次式で表される．

$$i(t) = I_m \sin \omega t \tag{3.21}$$

ここで，I_m は電流の振幅，ω は角周波数（角速度）である．

いま，図 3.4 のように，複素平面上で大きさ I_m の矢印を考える．この矢印は，時刻 $t=0$ で実軸上にあり，時間とともに角速度 ω で反時計方向に回転する．このとき，実数成分は $I_m \cos \omega t$，虚数成分は $I_m \sin \omega t$ となり，これを複素数で表現すると

$$\begin{aligned} I_m e^{j\omega t} &= I_m(\cos \omega t + j \sin \omega t) \\ &= I_m \cos \omega t + j I_m \sin \omega t \end{aligned} \tag{3.22}$$

となる．これより，式 (3.21) の正弦波は複素数 $I_m e^{j\omega t}$ の虚部に等しく

$$i(t) = I_m \sin \omega t = \mathrm{Im}(I_m e^{j\omega t}) \tag{3.23}$$

となる．なお，正弦波交流を余弦（cos）で表すときは，式 (3.22) の実部を用いればよい．

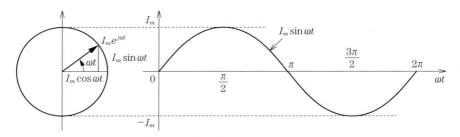

図 3.4 正弦波交流（$\sin \omega t$）

$$i(t) = I_m \cos \omega t = \text{Re}(I_m e^{j\omega t}) \tag{3.24}$$

以上より，正弦波交流を解析する場合には，複素指数関数 $e^{j\omega t}$ を用いて解析した後，$\sin \omega t$ の場合は虚部，$\cos \omega t$ の場合は実部をとればよい．

3.4.2 インピーダンス

いま，図 3.5 の交流回路を考える．複素指数関数を用いると，電流 i は次式となる．

$$i = I e^{j\omega t} \tag{3.25}$$

ここで I は電流の大きさである．このとき抵抗 R の電圧 v_R は次式で表される．

$$v_R = Ri = RI e^{j\omega t} \tag{3.26}$$

一方，インダクタンス L のコイルの電圧 v_L は次式となる．

$$v_L = L\frac{di}{dt} = L\frac{d}{dt}(Ie^{j\omega t}) = LIj\omega e^{j\omega t} = j\omega L I e^{j\omega t} \tag{3.27}$$

ここで，電圧 $e = Ee^{j\omega t}$ とおくと，$v_R + v_L = e$ より

$$RI e^{j\omega t} + j\omega L I e^{j\omega t} = E e^{j\omega t}$$

$$(R + j\omega L) I e^{j\omega t} = E e^{j\omega t}$$

ゆえに次式が導かれる．

$$(R + j\omega L)I = E \tag{3.28}$$

式 (3.28) より，電圧 E と電流 I の比 Z は次式となる．

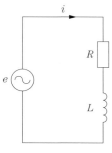

図 3.5　交流回路

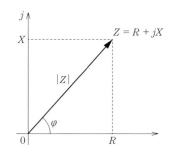

図 3.6　インピーダンス

$$Z = \frac{E}{I} = R + j\omega L \tag{3.29}$$

この Z を回路の**インピーダンス**と呼ぶ。インピーダンス Z は，一般に複素数となり，次式の形で表される。

$$Z = R + jX = |Z|e^{j\varphi} \tag{3.30}$$

これを図示すると，**図3.6**のようになり，実部 R を抵抗，虚部 X を**リアクタンス**と呼ぶ。図 3.5 の回路のリアクタンスは，$X = \omega L$ となる。

ところで，コンデンサ C の場合，電圧 v_C は

$$v_C = \frac{q}{C} = \frac{1}{C}\int i\,dt = \frac{1}{C}\int I e^{j\omega t}dt = \frac{I}{j\omega C}e^{j\omega t} \tag{3.31}$$

となり

$$\frac{I}{j\omega C}e^{j\omega t} = Ee^{j\omega t}, \quad \frac{I}{j\omega C} = E$$

$$\therefore \quad Z = \frac{E}{I} = \frac{1}{j\omega C} = -j\frac{1}{\omega C} \tag{3.32}$$

すなわち，コンデンサのときのリアクタンスは，$X = -1/\omega C$ となる。

以上の結果から，抵抗 R，コイル L，コンデンサ C を流れる電流と電圧の関係は以下のようになり，その様子を**図3.7**に示す。

$$Z_R = R, \qquad v_R = Z_R I = RI \tag{3.33}$$

$$Z_L = j\omega L, \qquad v_L = Z_L I = j\omega L I \tag{3.34}$$

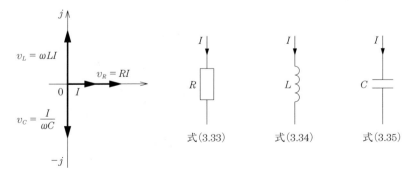

図3.7　R, L, C の電流と電圧の関係

$$Z_C = -j\frac{1}{\omega C}, \qquad v_C = Z_C I = -j\frac{I}{\omega C} \tag{3.35}$$

交流回路では電圧と電流波形の時間的なずれを角度で表したものを**位相**という。図 3.7 からわかるように，抵抗の電圧 v_R は電流 I と位相が同じ，すなわち同相となるが，コイルの電圧 v_L は電流 I に比べて位相が 90° 進んでいる。また，コンデンサの電圧は電圧 v_C は電流 I に比べて位相が 90° 遅れている。

3.4.3 複素電力

図 3.5 の負荷インピーダンス Z の電力を考えてみる。電流 i の実効値を I_e とすると，負荷の電力 P は

$$P = Z \cdot I_e^2 = (R + jX)I_e^2 = RI_e^2 + jXI_e^2 \tag{3.36}$$

と複素量になるため，この電力 P を**複素電力**と呼ぶ。式 (3.36) の実部を P_e，虚部を P_r とすると

$$P = RI_e^2 + jXI_e^2 = P_e + jP_r \tag{3.37}$$

これより，P_e は抵抗 R で消費される電力を表し，**有効電力**と呼ばれる。また，P_r はリアクタンス X に蓄えられる電力で，実際には消費されないため**無効電力**と呼ばれる。

ところで，$I_e = E_e/|Z|$ より

$$P_e = RI_e^2 = RI_e I_e = R\frac{E_e}{|Z|}I_e = E_e I_e \frac{R}{|Z|} \tag{3.38}$$

図 3.6 より，$R/|Z| = \cos\varphi$ であるから，有効電力 P_e は次式で表される。

$$P_e = E_e I_e \cos\varphi \tag{3.39}$$

同様に，$X/|Z| = \sin\varphi$ であるから，無効電力 P_r は次式で表される。

$$P_r = E_e I_e \sin\varphi \tag{3.40}$$

以上より，複素電力 P は

$$P = P_e + jP_r = E_e I_e \cos\varphi + jE_e I_e \sin\varphi \tag{3.41}$$

と表される。このときの複素電力 P の大きさ

$$P_a = E_e I_e \tag{3.42}$$

を**皮相電力**という。

これらの電力の関係を図示すると**図**3.8 となる。このとき，$\cos\varphi$ を**力率**と呼び，電源から供給される皮相電力 P_a のうち，実際に消費される有効電力 P_e の割合を表す。力率が 1 のとき，負荷は純抵抗からなり，電力は 100 % 消費される。力率が 0 のときは，負荷はリアクタンス成分のみとなり，電力は消費されない。これら四つの電力の単位を**表**3.1 に示す。

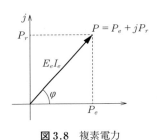

図 3.8　複素電力

表 3.1　電力と単位

呼 称	記 号	単 位
複素電力	P	VA（ボルトアンペア）
皮相電力	P_a	VA（ボルトアンペア）
有効電力	P_e	W（ワット）
無効電力	P_r	Var（バール）

演 習 問 題

【1】以下の式を計算せよ。
　（1）$3(2+j3)+j2(1-j)$　　（2）$(2+j3)(5-j2)$　　（3）$|1+j|^2$
　（4）$|(1+j)^2|$　　（5）$|(1-j)^2(1+j)|$　　（6）$e^{j\frac{\pi}{2}}$
　（7）$e^{j\frac{\pi}{4}}+e^{-j\frac{\pi}{4}}$　　（8）$\left(\dfrac{1}{\sqrt{2}}+j\dfrac{1}{\sqrt{2}}\right)^2$

【2】以下の複素数を $\cos\theta+j\sin\theta$ の形で表せ。ただし，$0\leqq\theta<2\pi$ とする。
　（1）$\dfrac{1}{2}+j\dfrac{\sqrt{3}}{2}$　　（2）$-\dfrac{1}{\sqrt{2}}+j\dfrac{1}{\sqrt{2}}$　　（3）$-j$　　（4）-1

【3】以下の複素数を指数関数で表せ。
　（1）$1+j$　　（2）$\dfrac{\sqrt{3}}{2}+j\dfrac{1}{2}$　　（3）$\dfrac{1}{\sqrt{2}}-j\dfrac{1}{\sqrt{2}}$　　（4）$1+j\sqrt{3}$

【4】以下の式を計算し，$a+jb$ の形で表せ。
　（1）$e^{j\frac{\pi}{2}}\cdot e^{j\frac{\pi}{3}}$　　（2）$\left(e^{j\frac{\pi}{8}}\right)^2$

(3) $e^{j\frac{4\pi}{3}} \cdot e^{-j\frac{\pi}{6}}$ (4) $\left(e^{-j\frac{\pi}{6}}\right)^3$

(5) $\left(e^{j\frac{\pi}{4}}\right)^2 \left(e^{j\frac{\pi}{3}}\right)^4 \left(e^{-j\frac{\pi}{2}}\right)^3$

【5】図 3.9 の回路で，抵抗，コイル，コンデンサの各電圧 V_R, V_L, V_C を複素平面上で図示し，電圧 V と電流 I の位相差を求めよ。ただし，$I = 2\,\mathrm{A}$, $R = 1\,\Omega$, $\omega L = 2\,\Omega$, $1/\omega C = 1\,\Omega$ とする。

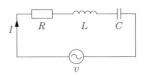

図 3.9

【6】図 3.10 の回路で，$R = \sqrt{L/C}$ のとき合成インピーダンス Z をそれぞれ求めよ。

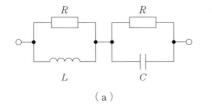 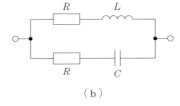

(a)　　　　　　　　　　(b)

図 3.10

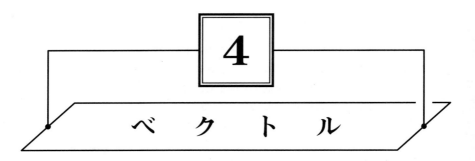

ベクトルは，力学はもちろん電気磁気学や電磁波工学などを学習するうえで必要である．本章では，ベクトルの基礎的事項を説明した後，応用例としてフレミングの法則やローレンツ力などについて説明する．

4.1 ベクトルとは

われわれが扱う量には，長さ，温度，時間などのように大きさのみで表現できるものが多くあり，このような量を**スカラー**（scalar）量という．これに対して，力，速度，電界などを表現するのに大きさと向きを示す必要があり，このような量を**ベクトル**（vector）量という．**表**4.1にスカラー量とベクトル量の例を示す．

表 4.1 スカラー量とベクトル量

スカラー量	温度，時間，エネルギー，長さ，体積，電位，電荷，…
ベクトル量	力，速度，加速度，変位，トルク，電界，磁界，…

4.2 ベクトルの表現

ベクトルは大きさと向きを持つため，**図**4.1に示すように矢印の付いた有向線分$\overrightarrow{OP}$で表す．このとき，点Oをベクトル$\overrightarrow{OP}$の始点，点Pを終点という．また，スカラー量と同じように一文字

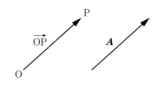

図 4.1 ベクトル

でベクトルを表すときは，太字を用いてベクトル A と表す．

4.2.1 ベクトルの成分

ベクトルは，一般に三次元空間で扱われ，**図 4.2** のように直交座標系で表されることが多い．

いま，ベクトル A の x 軸，y 軸，z 軸上の成分ベクトルを A_x, A_y, A_z とすると次式のように表せる．

$$A = A_x + A_y + A_z \quad (4.1)$$

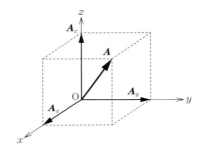

図 4.2　直交座標系

ここで，**図 4.3** のように x 軸，y 軸，z 軸上で正の向きで大きさ 1 の単位ベクトルを i, j, k とすると

$$A_x = A_x i, \quad A_y = A_y j, \quad A_z = A_z k \quad (4.2)$$

となり

$$A = A_x i + A_y j + A_z k \quad (4.3)$$

と表される．そして，ベクトル A の大きさは次式で与えられる．

$$|A| = A = \sqrt{A_x{}^2 + A_y{}^2 + A_z{}^2} \quad (4.4)$$

このとき，A_x, A_y, A_z をベクトル A の x 成分，y 成分，z 成分といい，ベクトル $A(A_x, A_y, A_z)$ と書くこともある．

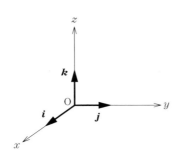

図 4.3　単位ベクトル

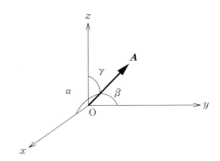

図 4.4　方向余弦

また，**図 4.4** のようにベクトル $\boldsymbol{A}$ と x 軸，y 軸，z 軸との間の角を α, β, γ とすると

$$A_x = A\cos\alpha, \qquad A_y = A\cos\beta, \qquad A_z = A\cos\gamma \tag{4.5}$$

となる。このとき，$\cos\alpha$, $\cos\beta$, $\cos\gamma$ をベクトル $\boldsymbol{A}$ の**方向余弦**という。式 (4.5) を用いると，ベクトル $\boldsymbol{A}$ は

$$\boldsymbol{A} = A_x\boldsymbol{i} + A_y\boldsymbol{j} + A_z\boldsymbol{k} = A(\cos\alpha\,\boldsymbol{i} + \cos\beta\,\boldsymbol{j} + \cos\gamma\,\boldsymbol{k}) \tag{4.6}$$

と表され，方向余弦は次式の関係を満足する。

$$\cos^2\alpha + \cos^2\beta + \cos^2\gamma = 1 \tag{4.7}$$

4.2.2 ベクトルの相等

二つのベクトル $\boldsymbol{A}$ と $\boldsymbol{B}$ の大きさが等しくかつ向きが同じであるとき，$\boldsymbol{A}$ と $\boldsymbol{B}$ は等しく

$$\boldsymbol{A} = \boldsymbol{B} \tag{4.8}$$

と書く。この場合，ベクトル $\boldsymbol{A}$ と $\boldsymbol{B}$ は始点の位置が異なるが，**図 4.5** のように適当に平行移動することにより重ね合わせることができる。このように始点の位置を問題にしないで扱うベクトルを**自由ベクトル**という。これに対して，始点の位置を固定して扱うベクトルを**束縛ベクトル**という。

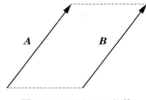

図 4.5　ベクトルの相等

4.2.3 位置ベクトル

図 4.6 のように，直交座標系の原点 O を始点とし，点 P を終点とする束縛ベクトル $\overrightarrow{\mathrm{OP}}$ は，空間上の位置を表すため，**位置ベクトル**と呼ばれる。

また，始点と終点が等しい，すなわち大き

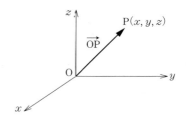

図 4.6　位置ベクトル

さが 0 のベクトルを**零ベクトル**といい，$\boldsymbol{O}$ あるいは $\vec{0}$ と書く。

4.2.4 面積ベクトル

面積は一般にスカラー量であるが，面の向きが関係する場合はベクトル量として扱われる。

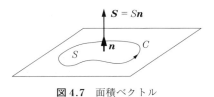

図 4.7　面積ベクトル

いま，図 4.7 のように閉曲線 C で囲まれた面積 S の図形がある。この図形の**面積ベクトル**は次式で表される。

$$\boldsymbol{S} = S\boldsymbol{n} \tag{4.9}$$

ここで，$\boldsymbol{n}$ は**単位法線ベクトル**といい，面 S に垂直な大きさ 1 のベクトルである。ベクトル $\boldsymbol{n}$ の向きは，閉曲線 C に沿って右ねじを回すときにねじの進む向きである。

4.3　ベクトルの和と差

ベクトルは大きさと向きを持つため，ベクトルの和はスカラーのように単に大きさのみを足すことはできない。

いま，図 4.8(a) のように二つのベクトル $\boldsymbol{A}$ と $\boldsymbol{B}$ があるとき，その和 $\boldsymbol{A} + \boldsymbol{B}$ は $\boldsymbol{A}$ と $\boldsymbol{B}$ を二辺とする平行四辺形の対角線が作るベクトルに等しい。これを**平行四辺形の法則**という。

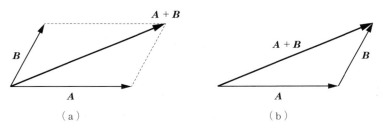

図 4.8　ベクトルの和

一方，図(b)のようにベクトル B をベクトル A の終点からとると，$A + B$ はベクトル A の始点からベクトル B の終点に至るベクトルに等しい。これを三角形の法則という。

ベクトルの和に関して，以下の関係が成立する。

$$\left. \begin{array}{l} A + B = B + A \\ (A + B) + C = A + (B + C) \end{array} \right\} \quad (4.10)$$

つぎに，ベクトルの差 $A - B$ について考えよう。

$$A - B = A + (-B) \quad (4.11)$$

となり，ベクトル A と B の差は，ベクトル A とベクトル $-B$ の和に等しくなり，図 4.9 の $\overrightarrow{OR}$ で表される。また，この図で，四角形 OQPR は平行四辺形となり，$\overrightarrow{OR} = \overrightarrow{QP}$ より，ベクトル $A - B$ はベクトル B の終点からベクトル A の終点に至るベクトル（$\overrightarrow{QP}$）で表すこともできる。

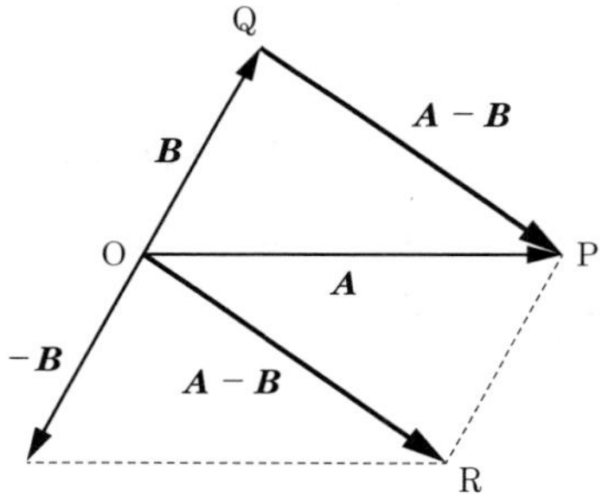

つぎに，ベクトル A と B が以下のように直交座標で表されるとき

図 4.9 ベクトルの差

$$A = A_x \boldsymbol{i} + A_y \boldsymbol{j} + A_z \boldsymbol{k}$$

$$B = B_x \boldsymbol{i} + B_y \boldsymbol{j} + B_z \boldsymbol{k}$$

A と B の和および差のベクトルは，以下のように各成分の和と差で表される。

$$\left. \begin{array}{l} A + B = (A_x + B_x)\boldsymbol{i} + (A_y + B_y)\boldsymbol{j} + (A_z + B_z)\boldsymbol{k} \\ A - B = (A_x - B_x)\boldsymbol{i} + (A_y - B_y)\boldsymbol{j} + (A_z - B_z)\boldsymbol{k} \end{array} \right\} \quad (4.12)$$

4.4 スカラーとベクトルの積

実数 m とベクトル A の積 mA は，図 4.10 のように

① $m > 0$ のとき，向きは A と同じで大きさは m 倍のベクトル

② $m < 0$ のとき，向きは A と反対の向きで大きさは $|m|$ 倍のベクトル

となる。なお，m, n をスカラー，A, B をベクトルとするとき，以下の関係が成立する。

$$\left.\begin{array}{l} m(nA) = (mn)A \\ (m+n)A = mA + nA \\ m(A+B) = mA + mB \end{array}\right\} \quad (4.13)$$

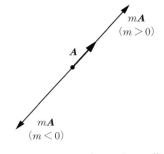

図 4.10　スカラーとベクトルの積

4.5　ベクトルとベクトルの積

二つのベクトル A と B の積には，結果がスカラーとなる**スカラー積**と結果もベクトルとなる**ベクトル積**の二通りがある。スカラー積は**内積**，ベクトル積は**外積**ともいい，それぞれ以下の記号で表記する。

スカラー積（内積）：$A \cdot B$　　　　　　　　　　　　(4.14)

ベクトル積（外積）：$A \times B$　　　　　　　　　　　　(4.15)

スカラー積とベクトル積の使い分けは，現象が二つのベクトルの積によって生じ，その結果がスカラー量になるかベクトル量になるかによって決まる。例えば，電界中で電荷を移動するのに要する仕事（スカラー）を求める場合はスカラー積を適用し，4.6.1 項の応用例で後述する磁界中の電流に働く力（ベクトル）の場合はベクトル積を適用する。

4.5.1　スカラー積（内積）

図 4.11 のように，二つのベクトル A と B があり，その間の角を θ とするとき，スカラー積は次式で定義される

$$A \cdot B = AB\cos\theta \quad (4.16)$$

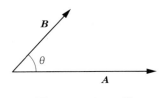

図 4.11　スカラー積

すなわち，ベクトル A と B のスカラー積はそれぞれのベクトルの大きさと二つのベクトルのなす角の余弦（$\cos\theta$）の積で表される。

ここで，式(4.16)の右辺を
$$AB\cos\theta = A(B\cos\theta) = (A\cos\theta)B \tag{4.17}$$
と考えれば，スカラー積 $A \cdot B$ は図 4.12 に示すように

（a） ベクトル A の大きさ A とベクトル B の A への正射影 $B\cos\theta$（A に垂直な方向から光を当てたときの B の A 上での影）の積

または

（b） ベクトル B の大きさ B とベクトル A の B への正射影 $A\cos\theta$ の積

に等しい。

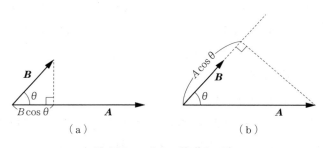

図 4.12　スカラー積（$A \cdot B$）

以上のことから，ベクトルのスカラー積について以下のことがいえる。

〔1〕 **スカラー積の基本的性質**　A, B, C をベクトル，m をスカラーとすると以下の関係がある。

$$\left.\begin{array}{ll} A \cdot B = B \cdot A & \text{（交換則）} \\ A \cdot (B + C) = A \cdot B + A \cdot C & \text{（分配則）} \\ mA \cdot B = A \cdot mB = m(A \cdot B) & \text{（結合則）} \end{array}\right\} \tag{4.18}$$

〔2〕 **ベクトルのなす角**　ベクトル A と B のなす角 θ は次式で与えられる。

$$\cos\theta = \frac{\boldsymbol{A}\cdot\boldsymbol{B}}{AB} \tag{4.19}$$

- $\boldsymbol{A}$ と $\boldsymbol{B}$ が垂直 ($\theta = \pi/2$) のとき，$\cos(\pi/2) = 0$ より

  $\boldsymbol{A}\cdot\boldsymbol{B} = 0$

この関係は二つのベクトルの直交関係を調べるのに利用される。

- $\boldsymbol{A}$ と $\boldsymbol{B}$ が平行 ($\theta = 0$) のとき，$\cos 0 = 1$ より

  $\boldsymbol{A}\cdot\boldsymbol{B} = AB$

- $\boldsymbol{A}$ と $\boldsymbol{B}$ が反対向きのとき ($\theta = \pi$) のとき，$\cos\pi = -1$ より

  $\boldsymbol{A}\cdot\boldsymbol{B} = -AB$

〔3〕 直交座標系の基本ベクトル $\boldsymbol{i}$, $\boldsymbol{j}$, $\boldsymbol{k}$ には以下の関係がある。

$$\left.\begin{array}{l}\boldsymbol{i}\cdot\boldsymbol{i} = \boldsymbol{j}\cdot\boldsymbol{j} = \boldsymbol{k}\cdot\boldsymbol{k} = 1 \\ \boldsymbol{i}\cdot\boldsymbol{j} = \boldsymbol{j}\cdot\boldsymbol{k} = \boldsymbol{k}\cdot\boldsymbol{i} = 0\end{array}\right\} \tag{4.20}$$

〔4〕 **スカラー積の成分表示** ベクトル $\boldsymbol{A}(A_x, A_y, A_z)$ と $\boldsymbol{B}(B_x, B_y, B_z)$ のスカラー積は次式で与えられる。

$$\boldsymbol{A}\cdot\boldsymbol{B} = (A_x\boldsymbol{i} + A_y\boldsymbol{j} + A_z\boldsymbol{k})\cdot(B_x\boldsymbol{i} + B_y\boldsymbol{j} + B_z\boldsymbol{k})$$

ここで，式(4.20)の関係を利用すると

$$\boldsymbol{A}\cdot\boldsymbol{B} = A_xB_x + A_yB_y + A_zB_z \tag{4.21}$$

となる。また，$\boldsymbol{A}$ と $\boldsymbol{B}$ のなす角 θ は次式で与えられる。

$$\cos\theta = \frac{A_xB_x + A_yB_y + A_zB_z}{\sqrt{A_x^2 + A_y^2 + A_z^2}\cdot\sqrt{B_x^2 + B_y^2 + B_z^2}} \tag{4.22}$$

つまり，$\boldsymbol{A}$ と $\boldsymbol{B}$ が垂直となる条件は次式が成り立つ場合となる。

$$A_xB_x + A_yB_y + A_zB_z = 0 \tag{4.23}$$

4.5.2 ベクトル積（外積）

図4.13のように，ベクトル $\boldsymbol{A}$ と $\boldsymbol{B}$ があり，その間の角を θ とする。ベクトル $\boldsymbol{A}$ と $\boldsymbol{B}$ を含む面の単位法線ベクトルを $\boldsymbol{n}$ とすると，ベクトル積は次式で定義される。

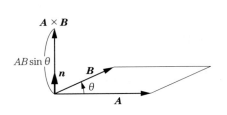
図 4.13 ベクトル積 ($A \times B$)

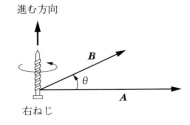
図 4.14 ベクトル積の向き

$$A \times B = (AB \sin \theta) n \qquad (4.24)$$

すなわち,ベクトル積 $A \times B$ の大きさは,ベクトル A と B が作る平行四辺形の面積に等しく,向きはその平行四辺形を含む面に垂直な方向のベクトルとなる。

ここで,単位法線ベクトル n の向きは,右ねじを A から B に向けて回すときのねじの進む向きである。この場合,図 4.14 に示すように上向きのベクトルとなる。

一方,ベクトル積 $B \times A$ の場合,右ねじを B から A に向けて回すことになるから,図 4.15 に示すようにベクトルの向きは $A \times B$ の場合とは逆で,下向き($-n$)の単位法線ベクトルとなる。このため,ベクトル積ではスカラー積のように交換則は成立しない。

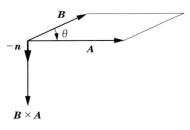
図 4.15 ベクトル積 ($B \times A$)

以上のことから,ベクトル積について以下のことがいえる。

〔1〕 **ベクトル積の基本的性質** A, B, C をベクトル,m をスカラーとすると,以下の関係がある。

$$\left. \begin{array}{l} A \times B = -(B \times A) \\ A \times (B + C) = A \times B + A \times C \\ mA \times B = A \times mB = m(A \times B) \end{array} \right\} \qquad (4.25)$$

〔2〕 **ベクトルのなす角** ベクトル A と B のなす角 θ は次式で与えられる。

$$\sin\theta = \frac{|A \times B|}{AB} \tag{4.26}$$

- A と B が垂直（$\theta = \pi/2$）のとき，$\sin(\pi/2) = 1$ より次式となる。

$$|A \times B| = AB$$

- A と B が平行（$\theta = 0$）のとき，$\sin 0 = 0$ よりより次式となる。

$$A \times B = 0$$

当然，$A \times A = 0$ である。これは，二つのベクトルの平行関係を調べるのに利用される。

〔3〕 直交座標系の基本ベクトル i, j, k には以下の関係がある。

$$\left.\begin{array}{l} i \times i = j \times j = k \times k = 0 \\ i = j \times k = -k \times j \\ j = k \times i = -i \times k \\ k = i \times j = -j \times i \end{array}\right\} \tag{4.27}$$

〔4〕 **ベクトル積の成分表示** ベクトル $A(A_x, A_y, A_z)$ と $B(B_x, B_y, B_z)$ のベクトル積は次式で与えられる。

$$A \times B = (A_x i + A_y j + A_z k) \times (B_x i + B_y j + B_z k)$$

ここで，式(4.27)の関係を利用すると次式となる。

$$A \times B = (A_y B_z - A_z B_y)i + (A_z B_x - A_x B_z)j + (A_x B_y - A_y B_x)k \tag{4.28}$$

ここで，5.5.2項の余因子展開を用いると以下の行列式で表せる。

$$\begin{aligned} A \times B &= \begin{vmatrix} A_y & A_z \\ B_y & B_z \end{vmatrix} i - \begin{vmatrix} A_x & A_z \\ B_x & B_z \end{vmatrix} j + \begin{vmatrix} A_x & A_y \\ B_x & B_y \end{vmatrix} k \\ &= \begin{vmatrix} i & j & k \\ A_x & A_y & A_z \\ B_x & B_y & B_z \end{vmatrix} \end{aligned} \tag{4.29}$$

4.6 ベクトルの応用例

4.6.1 磁界と電流の間に働く力

図 4.16 のように，磁束密度 B〔Wb/m²〕の磁界中の導線に電流 I〔A〕が流れているとき，導線は磁界から力を受ける。このとき，単位長さの導線に働く力 F は，電流 I と磁束密度 B のベクトル積で与えられる。

$$F = I \times B = (IB \sin \theta)n \text{〔N/m〕} \tag{4.30}$$

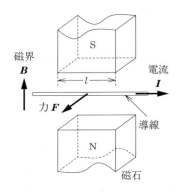

図 4.16 磁界と電流の間に働く力

ここで，θ は I と B のなす角である。磁界中の導線の長さを l とすると，力の大きさは $IBl \sin \theta$ となる。図 4.17 は，$\theta = \pi/2$，すなわち電流 I と磁束密度 B が直交するときの力 F の向きを図示したもので，**フレミングの左手の法則**（Fleming's left hand rule）としてよく知られている。

図 4.17 フレミングの左手の法則

4.6.2 磁界中を運動する荷電粒子に働く力

磁束密度 B〔Wb/m²〕の磁界中に電荷 q〔C〕の粒子が速度 v で入射すると，荷電粒子は磁界 B から力を受ける。このときの力 F はローレンツ力

(Lorentz force) と呼ばれ，次式で与えられる．

$$\boldsymbol{F} = q(\boldsymbol{v} \times \boldsymbol{B}) = (qvB\sin\theta)\boldsymbol{n} \tag{4.31}$$

ここで，θ は $\boldsymbol{v}$ と $\boldsymbol{B}$ のなす角である．いま，図 4.18 のように，粒子が磁界 $\boldsymbol{B}$ に垂直に入射する場合，粒子は x 軸方向に力 $\boldsymbol{F}$ を受け，その向きは，$q > 0$ のとき x 軸の負の方向，$q < 0$ のとき x 軸の正の方向となる．この場合，粒子は進行方向に対して垂直な力を受けるため図 4.19 のように円運動をする．粒子の質量を m とすると，円運動の式より

$$F = qvB = m\frac{v^2}{r} \tag{4.32}$$

となり，円運動の半径 r は次式で与えられる．

$$r = \frac{mv}{qB} \tag{4.33}$$

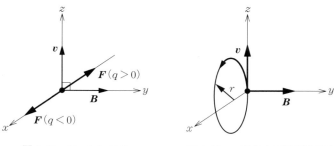

図 4.18　ローレンツ力　　図 4.19　磁界中の荷電粒子の円運動

なお，このときの円を一周する時間，すなわち周期 T は，式 (4.33) を用いると

$$T = \frac{2\pi}{\omega} = \frac{2\pi r}{v} = \frac{2\pi m}{qB} \tag{4.34}$$

と得られる．したがって，周期 T は粒子の速度 v に関係なく，磁束密度 B によって決まる．

また，図 4.20 のように，粒子が磁界 B に対して θ の角度で入射する場合，粒子はらせん運動をする。これは，速度 v を v_y と v_z に分解すると，粒子は磁界 B に垂直な成分 v_z によって円運動しながら，v_y によって y 方向に進むためである。

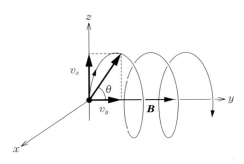

図 4.20　磁界中の荷電粒子のらせん運動

4.6.3　三電圧計法

電力の測定には，通常電力計が用いられるが，電圧計や電流計を用いても測定できる。この三電圧計法は，その名前のとおり三つの電圧計を用いて負荷の消費電力を測定する方法で，図 4.21 のように，負荷インピーダンス Z に直列に純抵抗 R を接続し，このときの三つの電圧計の指示値から電力を算出する方法である。

いま，電流を I とすると，抵抗 R の電圧は $V_2 = RI$ となり，電流 I と同相である。一方，負荷インピーダンス Z は

$$Z = r + jX = \sqrt{r^2 + X^2}e^{j\varphi} = |Z|e^{j\varphi} \tag{4.35}$$

であるから，Z の電圧は $V_1 = |Z|Ie^{j\varphi}$ となり，電流 I と φ だけ位相がずれる。したがって，電圧 V_3 との関係はベクトル和

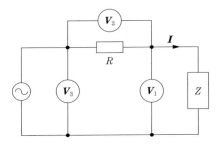

図 4.21　三電圧計法による電力測定

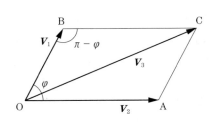

図 4.22　三電圧のベクトル図

$$V_3 = V_1 + V_2 \tag{4.36}$$

となり，これをベクトル図で表すと図4.22のようになる．ここで，三角形OBCで，∠B($=\pi-\varphi$)について余弦定理を適用すると

$$V_3^2 = V_1^2 + V_2^2 - 2V_1V_2\cos(\pi-\varphi) \tag{4.37}$$

ここで，$\cos(\pi-\varphi) = -\cos\varphi$ より

$$V_3^2 = V_1^2 + V_2^2 + 2V_1V_2\cos\varphi \tag{4.38}$$

となる．式(4.38)の第3項の V_2 に $V_2 = RI$ を代入すると

$$V_3^2 = V_1^2 + V_2^2 + 2V_1RI\cos\varphi \tag{4.39}$$

Z での消費電力は $P = V_1 I \cos\varphi$ より

$$P = \frac{V_3^2 - V_1^2 - V_2^2}{2R} \tag{4.40}$$

となり，三つの電圧計の値 V_1, V_2, および V_3 と既知抵抗 R の値から消費電力が求められる．また，負荷インピーダンス Z の力率 $\cos\varphi$ は，式(4.38)より

$$\cos\varphi = \frac{V_3^2 - V_1^2 - V_2^2}{2V_1V_2} \tag{4.41}$$

となる．

同様に，三つの電流計を用いて電力の測定ができ，これを三電流計法という（この場合の電力と力率の導出は章末の演習問題とする）．

演 習 問 題

【1】図4.23の xy 平面上で点 A(0,1), B(3,2), C(3,1), D(-1,1) がある．
  (1) $\overrightarrow{AB}$, $\overrightarrow{AC}$, $\overrightarrow{AD}$ の成分を求めよ．
  (2) $|\overrightarrow{AB}|$, $|\overrightarrow{BC}|$, $|\overrightarrow{CD}|$ を求めよ．

【2】図4.24の一辺の大きさが1の立方体について，以下の問いに答えよ．
  (1) $\overrightarrow{OG}$ と等しいベクトルをすべて示せ．
  (2) $\overrightarrow{OE}$ の成分と大きさを求めよ．

【3】図4.25のように半径1の円周上に点 A，B，C があるとき，以下の問いに答えよ．

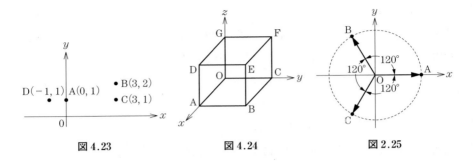

図 4.23　　　　　図 4.24　　　　　図 2.25

(1) $\overrightarrow{OB}$, $\overrightarrow{OC}$ の成分を求めよ。
(2) $\overrightarrow{OA} + \overrightarrow{OB} + \overrightarrow{OC}$ の成分を求めよ。
(3) $\overrightarrow{OA}$ と $\overrightarrow{OB}$ の内積を求めよ。
(4) $\overrightarrow{OA}$ と $\overrightarrow{OA} + \overrightarrow{OB}$ の内積を求めよ。

【4】図 4.26 の三角形について，以下の問いに答えよ。
(1) $\overrightarrow{AB}$ と $\overrightarrow{AC}$ の内積を求めよ。
(2) $\overrightarrow{AB}$ と $\overrightarrow{BC}$ の内積を求めよ。
(3) $\overrightarrow{AC}$ と $\overrightarrow{BC}$ の内積を求めよ。

【5】図 4.27 のベクトル A と B は yz 平面にあり，それぞれの大きさが 10，なす角の大きさが 60° のとき，以下の問い答えよ。
(1) ベクトル $C = A - B$ を図中に図示し，C の大きさを求めよ。
(2) 内積 $A \cdot C$ を求めよ。
(3) 外積 $A \times B$ の大きさを求め，その向きを示すベクトル n を図中に示せ。

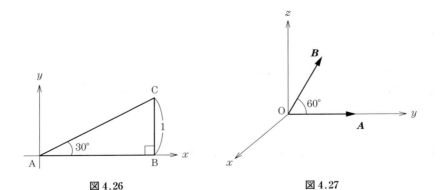

図 4.26　　　　　　　　　図 4.27

【6】$\boldsymbol{A}(A_x, A_y, A_z)$, $\boldsymbol{B}(B_x, B_y, B_z)$, $\boldsymbol{C}(C_x, C_y, C_z)$ のとき，$\boldsymbol{A} \cdot (\boldsymbol{B} \times \boldsymbol{C})$ を計算せよ．

【7】図 4.28 の平行六面体で，辺 OA は yz 平面上，辺 OB，OC は xy 平面上にあり，辺の長さはすべて 10 である．また，辺 OB と OA および辺 OB と OC のなす角がともに 60° のとき，$\overrightarrow{OA} \cdot (\overrightarrow{OB} \times \overrightarrow{OC})$ を計算せよ．

【8】図 4.29 の回路について，以下の問いに答えよ．
 （1）三つの電流計を流れる電流 I_1，I_2，I_3 の関係を図示せよ．
 （2）負荷インピーダンス Z で消費される電力 P を求めよ．

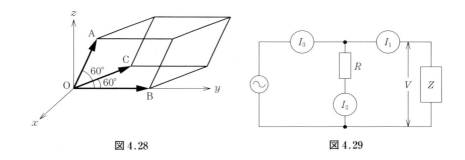

図 4.28　　　　　　　　　図 4.29

5 行列と行列式

行列は一般回路網や二端子対回路の解析に使われている。また，三相交流を解析するための対称座標法やトランジスタ回路の解析にも利用されるなどきわめて有用である。本章では，行列の種類と演算法および行列式の計算法について説明する。応用例として，連立方程式の解法，ブリッジ回路解析，二端子対回路および回転行列について紹介する。

5.1 行列とは

行列（matrix）は数字や文字などを縦横に並べたもので，丸括弧（ ）あるいは角括弧 [ ] を用いて以下のように表す。

$$A = \begin{pmatrix} 1 & 2 \\ 3 & 4 \end{pmatrix}, \quad B = \begin{bmatrix} a & b \\ c & d \end{bmatrix} \tag{5.1}$$

本書では，行列の表記に角括弧 [ ] を用いることにする。

行列で横の並びを**行**（row），縦の並びを**列**（column）といい，上から，1行，2行…，また左から1列，2列…と呼ぶ。行列内の数字や文字を成分または要素といい，行数と列数を指定することにより決まる。例えば，式(5.1)で A は2行2列の行列で，1行2列の成分は2となる。

5.2 行列の種類

一般に，行列は m 行 n 列からなり，次式のように書かれる。

$$A = \begin{bmatrix} a_{11} & a_{12} & \cdots & a_{1n} \\ a_{21} & a_{22} & \cdots & a_{2n} \\ \vdots & \vdots & \ddots & \vdots \\ a_{m1} & a_{m2} & \cdots & a_{mn} \end{bmatrix} \tag{5.2}$$

各成分の文字の添え字の最初の数字は行数を,つぎの数字は列数を表す。すなわち,a_{ij} は i 行 j 列の成分を表す。なお,行数 m と列数 n を明示する場合は,$A(m \times n)$ の表記を用い,例えば 3 行 4 列の行列の場合 $A(3 \times 4)$ と書く。

〔1〕 **行-行列と列-行列**　式(5.2)で $m=1$ のときの行列 $A(1 \times n)$ は

$$A(1 \times n) = [a_1 \quad a_2 \quad \cdots \quad a_n] \tag{5.3}$$

となる。この行列は 1 行だけの行列となるため**行-行列**と呼ばれる。また,この行-行列は n 次元のベクトル成分となるため**行ベクトル**ともいう。

同様に,行列 $A(m \times 1)$ は

$$A(m \times 1) = \begin{bmatrix} a_1 \\ a_2 \\ \vdots \\ a_m \end{bmatrix} \tag{5.4}$$

となり,1 列の行列となる。この行列は**列-行列**あるいは**列ベクトル**と呼ばれる。

〔2〕 **正方行列**　行と列の数が等しい行列を**正方行列**という。この行列は式(5.2)で $m = n$ の場合に相当し,次式のように表される。

$$A(n \times n) = \begin{bmatrix} a_{11} & a_{12} & \cdots & a_{1n} \\ a_{21} & a_{22} & \cdots & a_{2n} \\ \vdots & \vdots & \ddots & \vdots \\ a_{n1} & a_{n2} & \cdots & a_{nn} \end{bmatrix} \tag{5.5}$$

これを n 次の正方行列という。正方行列で,左上から右下に至る対角線上の成分 $a_{11}, a_{22}, \cdots, a_{ii}, \cdots, a_{nn}$ を正方行列の**対角成分**という。

〔3〕 **対 角 行 列**　式(5.6)のように,正方行列で対角成分 a_{ii} 以外の成分 $a_{ij}(i \neq j)$ がすべて 0 である行列を**対角行列**という。

$$A = \begin{bmatrix} a_{11} & 0 & \cdots & 0 \\ 0 & a_{22} & \cdots & 0 \\ \vdots & \vdots & \ddots & \vdots \\ 0 & 0 & \cdots & a_{nn} \end{bmatrix} \tag{5.6}$$

また，対角行列を表記するとき，簡略化のため非対角成分の0をまとめて次式のように表す場合もある．

$$A = \begin{bmatrix} a_{11} & & & \\ & a_{22} & & \text{\huge 0} \\ & & \ddots & \\ \text{\huge 0} & & & a_{nn} \end{bmatrix} \tag{5.7}$$

なお，正方行列の対角要素の和を**トレース**といい，次式で表す．このトレースは行列の固有値の和に等しい．

$$\mathrm{tr}\, A = \sum_{i=1}^{n} a_{ii} \tag{5.8}$$

〔4〕 **単位行列** 対角行列で，対角成分がすべて1である行列を**単位行列**といい，I または E で表す．

$$I = \begin{bmatrix} 1 & 0 & \cdots & 0 \\ 0 & 1 & \cdots & 0 \\ \vdots & \vdots & \ddots & \vdots \\ 0 & 0 & \cdots & 1 \end{bmatrix} \tag{5.9}$$

本書では，単位行列の表記に I を用いることにする．この単位行列 I は数字の1を行列へ拡張したものに相当し

$$IA = AI = A \tag{5.10}$$

となる．また，この単位行列の成分は $i = j$ のとき1で，$i \neq j$ のとき0となり，次式のように表す．

$$I = [\delta_{ij}] \tag{5.11}$$

ここで，δ_{ij} は**クロネッカーのデルタ**（Kronecker's delta）と呼ばれ，次式のように与えられる．

$$\delta_{ij} = \begin{cases} 1 & (i = j) \\ 0 & (i \neq j) \end{cases} \tag{5.12}$$

5.2 行列の種類

〔5〕零行列 零行列 O とは次式に示すように,すべての成分が 0 の行列のことである。

$$O = \begin{bmatrix} 0 & 0 & \cdots & 0 \\ 0 & 0 & \cdots & 0 \\ \vdots & \vdots & \ddots & \vdots \\ 0 & 0 & \cdots & 0 \end{bmatrix} \tag{5.13}$$

〔6〕三角行列 正方行列で,成分 $a_{ij}(i > j) = 0$ あるいは $a_{ij}(i < j) = 0$ となる行列を三角行列といい,成分 $a_{ij}(i > j) = 0$ のときの行列を**上三角行列**と呼び,次式で表す。

$$A = \begin{bmatrix} a_{11} & a_{12} & \cdots & a_{1n} \\ & a_{22} & \cdots & a_{2n} \\ & & \ddots & \vdots \\ & \text{\huge 0} & & a_{nn} \end{bmatrix} \tag{5.14}$$

成分 $a_{ij}(i < j) = 0$ のときの行列を**下三角行列**と呼び,次式で表す。

$$A = \begin{bmatrix} a_{11} & & & \text{\huge 0} \\ a_{21} & a_{22} & & \\ \vdots & \vdots & \ddots & \\ a_{n1} & a_{n2} & \cdots & a_{nn} \end{bmatrix} \tag{5.15}$$

〔7〕転置行列 以下に示す二つの行列 A と B がある。

$$A = \begin{bmatrix} 1 & 3 & 6 \\ 2 & 4 & 8 \end{bmatrix}, \quad B = \begin{bmatrix} 1 & 2 \\ 3 & 4 \\ 6 & 8 \end{bmatrix}$$

ここで,行列 A の 1 行は行列 B の 1 列,行列 A の 2 行は行列 B の 2 列に等しい。すなわち,行列 A と B はたがいに行と列を入れ替えたもので,このような行列を**転置行列**といい,以下のように表す。

$$B = {}^t A, \quad A = {}^t B \tag{5.16}$$

行列 $A(m \times n)$ の場合,転置行列 ${}^t A$ は

$$A(m \times n) = \begin{bmatrix} a_{11} & a_{12} & \cdots & a_{1n} \\ a_{21} & a_{22} & \cdots & a_{2n} \\ \vdots & \vdots & \ddots & \vdots \\ a_{m1} & a_{m2} & \cdots & a_{mn} \end{bmatrix} \rightarrow {}^{t}A(n \times m) = \begin{bmatrix} a_{11} & a_{21} & \cdots & a_{m1} \\ a_{12} & a_{22} & \cdots & a_{m2} \\ \vdots & \vdots & \ddots & \vdots \\ a_{1n} & a_{2n} & \cdots & a_{mn} \end{bmatrix}$$
(5.17)

となり，転置行列の成分は次式となる。

$${}^{t}A(i, j) = A(j, i) \tag{5.18}$$

なお，転置行列は以下の関係が成立する。

$$\left. \begin{aligned} {}^{t}({}^{t}A) &= A \\ {}^{t}(A + B) &= {}^{t}A + {}^{t}B \\ {}^{t}(AB) &= {}^{t}B\,{}^{t}A \end{aligned} \right\} \tag{5.19}$$

〔8〕**対称行列** 以下に示すように，対角成分に関して対称的に成分が並んでいる行列を**対称行列**という。

$$\begin{bmatrix} 1 & 3 \\ 3 & 1 \end{bmatrix}, \quad \begin{bmatrix} 2 & 0 & 1 \\ 0 & -1 & 3 \\ 1 & 3 & 4 \end{bmatrix}$$

したがって，対称行列は行と列を入れ替えても，もとの行列と同じになる。いま，行列 A が対称行列とすると，転置行列ともとの行列は等しく

$${}^{t}A = A \tag{5.20}$$

となる。これを成分で表すと

$$A(i, j) = A(j, i) \tag{5.21}$$

これより，対称行列は i 行 j 列の成分と j 行 i 列の成分は等しくなる。

5.3 行列の演算

5.3.1 行列の和と差

同じ次数の行列の和および差は，対応する成分の和および差を求めることにより得られる。例えば，以下の行列

5.3 行列の演算

$$A = \begin{bmatrix} a_{11} & a_{12} \\ a_{21} & a_{22} \end{bmatrix}, \quad B = \begin{bmatrix} b_{11} & b_{12} \\ b_{21} & b_{22} \end{bmatrix}$$

に対して，和および差の行列は以下となる。

$$A + B = \begin{bmatrix} a_{11} & a_{12} \\ a_{21} & a_{22} \end{bmatrix} + \begin{bmatrix} b_{11} & b_{12} \\ b_{21} & b_{22} \end{bmatrix} = \begin{bmatrix} a_{11} + b_{11} & a_{12} + b_{12} \\ a_{21} + b_{21} & a_{22} + b_{22} \end{bmatrix} \tag{5.22}$$

$$A - B = \begin{bmatrix} a_{11} & a_{12} \\ a_{21} & a_{22} \end{bmatrix} - \begin{bmatrix} b_{11} & b_{12} \\ b_{21} & b_{22} \end{bmatrix} = \begin{bmatrix} a_{11} - b_{11} & a_{12} - b_{12} \\ a_{21} - b_{21} & a_{22} - b_{22} \end{bmatrix} \tag{5.23}$$

5.3.2 行列の積

前述の二つの行列 A と B の積は次式となる。

$$AB = \begin{bmatrix} a_{11} & a_{12} \\ a_{21} & a_{22} \end{bmatrix}\begin{bmatrix} b_{11} & b_{12} \\ b_{21} & b_{22} \end{bmatrix} = \begin{bmatrix} a_{11}b_{11} + a_{12}b_{21} & a_{11}b_{12} + a_{12}b_{22} \\ a_{21}b_{11} + a_{22}b_{21} & a_{21}b_{12} + a_{22}b_{22} \end{bmatrix} \tag{5.24}$$

ここで，AB の1行1列目の成分 $(a_{11}b_{11} + a_{12}b_{21})$ は，A の1行目と B の1列目の各成分を掛けて足したものである。すなわち，AB の (i, j) 成分は A の i 行目と B の j 列目の対応する成分同士を掛けて足したものとなる。

ここで，掛け算の順序を変えて BA を求めると次式となる。

$$BA = \begin{bmatrix} b_{11} & b_{12} \\ b_{21} & b_{22} \end{bmatrix}\begin{bmatrix} a_{11} & a_{12} \\ a_{21} & a_{22} \end{bmatrix} = \begin{bmatrix} b_{11}a_{11} + b_{12}a_{21} & b_{11}a_{12} + b_{12}a_{22} \\ b_{21}a_{11} + b_{22}a_{21} & b_{21}a_{12} + b_{22}a_{22} \end{bmatrix} \tag{5.25}$$

式(5.25)を式(5.24)と比較すれば

$$AB \neq BA \tag{5.26}$$

となり，行列の場合もベクトルの外積と同様，交換則は成立しない。

ところで，行列の積 AB が成立するには，行列 A の列数と行列 B の行数が同じでなければならない。すなわち，A が $(m \times n)$ 行列の場合，B は $(n \times p)$ 行列でなければならない。このとき，行列の積は

$$A(m \times n)B(n \times p) = AB(m \times p) \tag{5.27}$$

となり，結果は $(m \times p)$ 行列となる。

例えば，(3×3) 行列と (3×1) 行列の積と (1×2) 行列と (2×2) 行列の積は

$$\begin{bmatrix} 1 & 3 & 2 \\ 2 & 0 & 1 \\ 4 & 2 & 3 \end{bmatrix} \begin{bmatrix} 1 \\ 2 \\ 3 \end{bmatrix} = \begin{bmatrix} 1\times 1 + 3\times 2 + 2\times 3 \\ 2\times 1 + 0\times 2 + 1\times 3 \\ 4\times 1 + 2\times 2 + 3\times 3 \end{bmatrix} = \begin{bmatrix} 13 \\ 5 \\ 17 \end{bmatrix}$$

$$[2 \ 5]\begin{bmatrix} 1 & 6 \\ 3 & 2 \end{bmatrix} = [2\times 1 + 5\times 3 \ \ 2\times 6 + 5\times 2] = [17 \ \ 22]$$

となり，それぞれ（3 × 1）行列と（1 × 2）行列になる。

また，式(5.27)からわかるように，一般に積 AB が成立しても積 BA は成立しない。ただし，式(5.24)，式(5.25)の場合のように，行列 A と B が正方行列のときは成立するが，結果は式(5.26)のように等しくはならない。

5.4 行 列 式

5.4.1 行列式とは

行列式（determinant）とは，n 次の正方行列

$$A = \begin{bmatrix} a_{11} & a_{12} & \cdots & a_{1n} \\ a_{21} & a_{22} & \cdots & a_{2n} \\ \vdots & \vdots & \ddots & \vdots \\ a_{n1} & a_{n2} & \cdots & a_{nn} \end{bmatrix} \tag{5.28}$$

の成分によって定義される式で，$|A|$ あるいは $\det A$ と表記される。具体的には，二次の正方行列の行列式は次式のように表される。

$$|A| = \begin{vmatrix} a_{11} & a_{12} \\ a_{21} & a_{22} \end{vmatrix} = a_{11}a_{22} - a_{12}a_{21} \tag{5.29}$$

また，三次の場合は次式となる。

$$|A| = \begin{vmatrix} a_{11} & a_{12} & a_{13} \\ a_{21} & a_{22} & a_{23} \\ a_{31} & a_{32} & a_{33} \end{vmatrix} = a_{11}a_{22}a_{33} + a_{12}a_{23}a_{31} + a_{13}a_{32}a_{21}$$
$$- a_{11}a_{32}a_{23} - a_{12}a_{21}a_{33} - a_{13}a_{22}a_{31} \tag{5.30}$$

これらの行列式の展開は，以下のように覚えておくと便利である。

二次の正方行列のときは，線①の成分の積から線②の成分の積を引く。

$$\begin{vmatrix} a_{11} & a_{12} \\ a_{21} & a_{22} \end{vmatrix} = \begin{vmatrix} a_{11} & a_{12} \\ a_{21} & a_{22} \end{vmatrix} - \begin{vmatrix} a_{11} & a_{12} \\ a_{21} & a_{22} \end{vmatrix}$$
$$= a_{11}a_{22} - a_{12}a_{21} \tag{5.31}$$

三次の正方行列のときは，線①，②，③の成分の積の和から線④，⑤，⑥の成分の積の和を引く．

$$\begin{vmatrix} a_{11} & a_{12} & a_{13} \\ a_{21} & a_{22} & a_{23} \\ a_{31} & a_{32} & a_{33} \end{vmatrix} = \begin{vmatrix} a_{11} & a_{12} & a_{13} \\ a_{21} & a_{22} & a_{23} \\ a_{31} & a_{32} & a_{33} \end{vmatrix} - \begin{vmatrix} a_{11} & a_{12} & a_{13} \\ a_{21} & a_{22} & a_{23} \\ a_{31} & a_{32} & a_{33} \end{vmatrix}$$
$$= ① a_{11}a_{22}a_{33} + ② a_{12}a_{23}a_{31} + ③ a_{13}a_{32}a_{21}$$
$$- ④ a_{11}a_{32}a_{23} - ⑤ a_{12}a_{21}a_{33} - ⑥ a_{13}a_{22}a_{31} \tag{5.32}$$

この方法で計算した行列式の数値例を以下に示す．

$$\begin{vmatrix} 3 & 2 \\ 4 & 5 \end{vmatrix} = 15 - 8 = 7 \tag{5.33}$$

$$\begin{vmatrix} 2 & 3 & 4 \\ 1 & 3 & 1 \\ 1 & 2 & 3 \end{vmatrix} = 18 + 3 + 8 - 4 - 9 - 12 = 29 - 25 = 4 \tag{5.34}$$

しかし，このような行列式の展開は四次以上の行列式では利用できない．一般に n 次の行列式を展開すると，各項は各行列からの n 個の成分の積からなり，全体は $n!$ 個の項となる．このため，高次の行列式の場合には 5.5.2 項で述べる余因子展開した後，この方法を用いて計算する．

5.4.2 行列式の性質

ここでは，行列式の基本的性質について説明する．なお，理解しやすいように，例として次式の3行3列の行列式を用いて説明する．

$$|A| = \begin{vmatrix} a_1 & a_2 & a_3 \\ b_1 & b_2 & b_3 \\ c_1 & c_2 & c_3 \end{vmatrix} \tag{5.35}$$

〔1〕 転置行列の行列式 $|{}^tA|$ はもとの行列式 $|A|$ と等しい。すなわち，行列式の値は行と列を入れ換えても同じである。

$$\begin{vmatrix} a_1 & b_1 & c_1 \\ a_2 & b_2 & c_2 \\ a_3 & b_3 & c_3 \end{vmatrix} = \begin{vmatrix} a_1 & a_2 & a_3 \\ b_1 & b_2 & b_3 \\ c_1 & c_2 & c_3 \end{vmatrix} \tag{5.36}$$

〔2〕 一つの行（列）が二つの成分の和となる行列式は二つの行列式に分割できる。例えば，3行が c_i 成分と d_i 成分の和の場合，次式のように分割される。

$$\begin{vmatrix} a_1 & a_2 & a_3 \\ b_1 & b_2 & b_3 \\ c_1+d_1 & c_2+d_2 & c_3+d_3 \end{vmatrix} = \begin{vmatrix} a_1 & a_2 & a_3 \\ b_1 & b_2 & b_3 \\ c_1 & c_2 & c_3 \end{vmatrix} + \begin{vmatrix} a_1 & a_2 & a_3 \\ b_1 & b_2 & b_3 \\ d_1 & d_2 & d_3 \end{vmatrix} \tag{5.37}$$

〔3〕 一つの行（列）を定数 (k) 倍した行列式はもとの行列式の k 倍となる。次式は1行の成分を k 倍した例である。

$$\begin{vmatrix} ka_1 & ka_2 & ka_3 \\ b_1 & b_2 & b_3 \\ c_1 & c_2 & c_3 \end{vmatrix} = k \begin{vmatrix} a_1 & a_2 & a_3 \\ b_1 & b_2 & b_3 \\ c_1 & c_2 & c_3 \end{vmatrix} \tag{5.38}$$

〔4〕 一つの行（列）を定数 (k) 倍して別の行（列）に加えた行列式はもとの行列式と等しい。次式は3列の成分に1行の成分の k 倍を加えた例である。

$$\begin{vmatrix} a_1 & a_2 & a_3+ka_1 \\ b_1 & b_2 & b_3+kb_1 \\ c_1 & c_2 & c_3+kc_1 \end{vmatrix} = \begin{vmatrix} a_1 & a_2 & a_3 \\ b_1 & b_2 & b_3 \\ c_1 & c_2 & c_3 \end{vmatrix} \tag{5.39}$$

〔5〕 二つの行（列）を入れ換えた行列式はもとの行列式と符号が変わる。次式は2行と3行を入れ換えた例である。

$$\begin{vmatrix} a_1 & a_2 & a_3 \\ c_1 & c_2 & c_3 \\ b_1 & b_2 & b_3 \end{vmatrix} = - \begin{vmatrix} a_1 & a_2 & a_3 \\ b_1 & b_2 & b_3 \\ c_1 & c_2 & c_3 \end{vmatrix} \tag{5.40}$$

〔6〕 二つの行（列）が等しい行列式は0である。次式は1行と2行が等しい例である。

$$\begin{vmatrix} a_1 & a_2 & a_3 \\ a_1 & a_2 & a_3 \\ c_1 & c_2 & c_3 \end{vmatrix} = 0 \tag{5.41}$$

〔7〕 三角行列の行列式は対角成分の積に等しい。

$$\begin{vmatrix} a_1 & a_2 & a_3 \\ 0 & b_2 & b_3 \\ 0 & 0 & c_3 \end{vmatrix} = \begin{vmatrix} a_1 & 0 & 0 \\ b_1 & b_2 & 0 \\ c_1 & c_2 & c_3 \end{vmatrix} = a_1 b_2 c_3 \tag{5.42}$$

これらの性質を利用して，以下の二つの行列式を計算してみよう。

$$① \quad \begin{vmatrix} 1 & 2 & 1 \\ 2 & 5 & 3 \\ 2 & 4 & 6 \end{vmatrix} \qquad ② \quad \begin{vmatrix} 1 & 8 & 7 & 2 \\ 2 & 5 & 3 & 1 \\ 3 & 6 & 3 & 1 \\ 4 & 5 & 1 & 3 \end{vmatrix}$$

まず，行列式①の場合，性質〔4〕より2行および3行の成分から1行の成分の2倍を引き，性質〔7〕を用いると次式のように求められる。

$$\begin{vmatrix} 1 & 2 & 1 \\ 2 & 5 & 3 \\ 2 & 4 & 6 \end{vmatrix} = \begin{vmatrix} 1 & 2 & 1 \\ 0 & 1 & 1 \\ 0 & 0 & 4 \end{vmatrix} = 1 \times 1 \times 4 = 4$$

つぎに，行列式②の場合，性質〔4〕より2列の成分から3列の成分を引くと1列と2列が等しくなるため，性質〔6〕を用いると次式のように求められる。

$$\begin{vmatrix} 1 & 8 & 7 & 2 \\ 2 & 5 & 3 & 1 \\ 3 & 6 & 3 & 1 \\ 4 & 5 & 1 & 3 \end{vmatrix} = \begin{vmatrix} 1 & 1 & 7 & 2 \\ 2 & 2 & 3 & 1 \\ 3 & 3 & 3 & 1 \\ 4 & 4 & 1 & 3 \end{vmatrix} = 0$$

以上のように，行列式の基本性質を適宜利用することにより，式の計算を容易にすることができる。

5.5 余因子

5.5.1 余因子とは

いま，n 次の正方行列 A を考える。

$$A = \begin{bmatrix} a_{11} & a_{12} & a_{13} & \cdots & a_{1n} \\ a_{21} & a_{22} & a_{23} & \cdots & a_{2n} \\ a_{31} & a_{32} & a_{33} & \cdots & a_{3n} \\ \vdots & \vdots & \vdots & \ddots & \vdots \\ a_{n1} & a_{n2} & a_{n3} & \cdots & a_{nn} \end{bmatrix} \tag{5.43}$$

この行列から一つの行（i 行）と列（j 列）を取り除いて得られる（$n-1$）次の行列式を，成分 a_{ij} の**小行列式**といい Δ_{ij} で表す。例えば，式(5.43)で1行と2列を下図のように取り除くと

$$\begin{array}{c} \phantom{1\text{行}}\quad 2\text{列} \\ 1\text{行}\begin{bmatrix} a_{11} & a_{12} & a_{13} & \cdots & a_{1n} \\ a_{21} & a_{22} & a_{23} & \cdots & a_{2n} \\ a_{31} & a_{32} & a_{33} & \cdots & a_{3n} \\ \vdots & \vdots & \vdots & \ddots & \vdots \\ a_{n1} & a_{n2} & a_{n3} & \cdots & a_{nn} \end{bmatrix} \end{array}$$

小行列式 Δ_{12} は次式となる。

$$\Delta_{12} = \begin{vmatrix} a_{21} & a_{23} & \cdots & a_{2n} \\ a_{31} & a_{33} & \cdots & a_{3n} \\ \vdots & \vdots & \ddots & \vdots \\ a_{n1} & a_{n3} & \cdots & a_{nn} \end{vmatrix} \tag{5.44}$$

この小行列式 Δ_{ij} に符号 $(-1)^{i+j}$ を掛けたものを**余因子**（cofactor）といい，次式で表す。

$$A_{ij} = (-1)^{i+j} \Delta_{ij} \tag{5.45}$$

このとき，A_{ij} を行列 A の成分 a_{ij} の余因子という。具体的な数値例を以下に示す。例えば，次式の三次の行列 A で小行列式 Δ_{12} と Δ_{22} を求めてみよう。

$$A = \begin{bmatrix} 2 & 3 & 4 \\ 1 & 3 & 1 \\ 1 & 2 & 3 \end{bmatrix} \tag{5.46}$$

まず，$\varDelta_{12}$ は行列 A の1行と2列を取り除いて次式で与えられる。

$$\varDelta_{12} = \begin{vmatrix} 1 & 1 \\ 1 & 3 \end{vmatrix} = 3 - 1 = 2$$

同様に，$\varDelta_{22}$ は2行と2列を取り除いて次式で与えられる。

$$\varDelta_{22} = \begin{vmatrix} 2 & 4 \\ 1 & 3 \end{vmatrix} = 6 - 4 = 2$$

さらに，それぞれの余因子 A_{12} と A_{22} は以下のようになる。

$$A_{12} = (-1)^{1+2}\varDelta_{12} = -1 \times 2 = -2$$

$$A_{22} = (-1)^{2+2}\varDelta_{22} = 1 \times 2 = 2$$

5.5.2 余因子展開

余因子を用いると，n 次の行列式 $|A|$ は一つの行（i 行）あるいは列（j 列）について，以下のように展開できる。

- i 行について展開
$$|A| = a_{i1}A_{i1} + a_{i2}A_{i2} + \cdots + a_{in}A_{in} = \sum_{j=1}^{n} a_{ij}A_{ij} \tag{5.47}$$
- j 列について展開
$$|A| = a_{1j}A_{1j} + a_{2j}A_{2j} + \cdots + a_{nj}A_{nj} = \sum_{i=1}^{n} a_{ij}A_{ij} \tag{5.48}$$

この**余因子展開**により，n 次の行列式は $(n-1)$ 次の行列式の和で表される。したがって，この余因子展開を順次行うことにより，n 次の行列式は最終的には二次の行列式の和で表すことができる。

【余因子展開による行列式の計算】

以下の三次の行列式を1行で展開すると次式のようになり，式(5.32)と同じになる。

$$|\boldsymbol{A}| = \begin{vmatrix} a_{11} & a_{12} & a_{13} \\ a_{21} & a_{22} & a_{23} \\ a_{31} & a_{32} & a_{33} \end{vmatrix}$$

$$= a_{11}(-1)^{1+1}\begin{vmatrix} a_{22} & a_{23} \\ a_{32} & a_{33} \end{vmatrix} + a_{12}(-1)^{1+2}\begin{vmatrix} a_{21} & a_{23} \\ a_{31} & a_{33} \end{vmatrix}$$

$$+ a_{13}(-1)^{1+3}\begin{vmatrix} a_{21} & a_{22} \\ a_{31} & a_{32} \end{vmatrix}$$

$$= a_{11}\begin{vmatrix} a_{22} & a_{23} \\ a_{32} & a_{33} \end{vmatrix} - a_{12}\begin{vmatrix} a_{21} & a_{23} \\ a_{31} & a_{33} \end{vmatrix} + a_{13}\begin{vmatrix} a_{21} & a_{22} \\ a_{31} & a_{32} \end{vmatrix}$$

$$= a_{11}(a_{22}a_{33} - a_{23}a_{32}) - a_{12}(a_{21}a_{33} - a_{23}a_{31}) + a_{13}(a_{21}a_{32} - a_{22}a_{31})$$

$$= a_{11}a_{22}a_{33} + a_{12}a_{23}a_{31} + a_{13}a_{32}a_{21} - a_{11}a_{32}a_{23} - a_{12}a_{21}a_{33} - a_{13}a_{22}a_{31} \tag{5.49}$$

具体例として,式(5.34)の行列式を1行で展開すると

$$|\boldsymbol{A}| = \begin{vmatrix} 2 & 3 & 4 \\ 1 & 3 & 1 \\ 1 & 2 & 3 \end{vmatrix} = 2\begin{vmatrix} 3 & 1 \\ 2 & 3 \end{vmatrix} - 3\begin{vmatrix} 1 & 1 \\ 1 & 3 \end{vmatrix} + 4\begin{vmatrix} 1 & 3 \\ 1 & 2 \end{vmatrix}$$

$$= 2 \times 7 - 3 \times 2 + 4 \times (-1) = 14 - 6 - 4 = 4$$

となり,同じ結果が得られる。

5.6 余因子行列

余因子行列とは,行列 $\boldsymbol{A}$ の各成分をその余因子で置き換えた後,行と列を入れ換えて得られる行列のことで $\widetilde{\boldsymbol{A}}$ と書く($\sim$ はチルダという)。

具体的に成分表示すると,次式の行列

$$\boldsymbol{A} = \begin{bmatrix} a_{11} & a_{12} & a_{13} \\ a_{21} & a_{22} & a_{23} \\ a_{31} & a_{32} & a_{33} \end{bmatrix}$$

に対して,各成分 a_{ij} の余因子を A_{ij} とすると,余因子行列 $\widetilde{\boldsymbol{A}}$ は次式のようになる。

$$\widetilde{A} = {}^t\!\begin{bmatrix} A_{11} & A_{12} & A_{13} \\ A_{21} & A_{22} & A_{23} \\ A_{31} & A_{32} & A_{33} \end{bmatrix} = \begin{bmatrix} A_{11} & A_{21} & A_{31} \\ A_{12} & A_{22} & A_{32} \\ A_{13} & A_{23} & A_{33} \end{bmatrix} \tag{5.50}$$

数値例として,式(5.46)の行列の余因子行列を求めてみる。

$$A = \begin{bmatrix} 2 & 3 & 4 \\ 1 & 3 & 1 \\ 1 & 2 & 3 \end{bmatrix}$$

まず,余因子 A_{11} は,1行と1列を除いた行列式より

$$A_{11} = (-1)^{1+1}\begin{vmatrix} 3 & 1 \\ 2 & 3 \end{vmatrix} = \begin{vmatrix} 3 & 1 \\ 2 & 3 \end{vmatrix}$$

つぎに,余因子 A_{12} は,1行と2列を除いた行列式より

$$A_{12} = (-1)^{1+2}\begin{vmatrix} 1 & 1 \\ 1 & 3 \end{vmatrix} = -\begin{vmatrix} 1 & 1 \\ 1 & 3 \end{vmatrix}$$

以下同様にして余因子を求めることにより次式のように求められる。

$$\widetilde{A} = {}^t\!\begin{bmatrix} A_{11} & A_{12} & A_{13} \\ A_{21} & A_{22} & A_{23} \\ A_{31} & A_{32} & A_{33} \end{bmatrix} = {}^t\!\begin{bmatrix} \begin{vmatrix} 3 & 1 \\ 2 & 3 \end{vmatrix} & -\begin{vmatrix} 1 & 1 \\ 1 & 3 \end{vmatrix} & \begin{vmatrix} 1 & 3 \\ 1 & 2 \end{vmatrix} \\ -\begin{vmatrix} 3 & 4 \\ 2 & 3 \end{vmatrix} & \begin{vmatrix} 2 & 4 \\ 1 & 3 \end{vmatrix} & -\begin{vmatrix} 2 & 3 \\ 1 & 2 \end{vmatrix} \\ \begin{vmatrix} 3 & 4 \\ 3 & 1 \end{vmatrix} & -\begin{vmatrix} 2 & 4 \\ 1 & 1 \end{vmatrix} & \begin{vmatrix} 2 & 3 \\ 1 & 3 \end{vmatrix} \end{bmatrix}$$

$$= {}^t\!\begin{bmatrix} 7 & -2 & -1 \\ -1 & 2 & -1 \\ -9 & 2 & 3 \end{bmatrix} = \begin{bmatrix} 7 & -1 & -9 \\ -2 & 2 & 2 \\ -1 & -1 & 3 \end{bmatrix} \tag{5.51}$$

5.7 逆 行 列

ある数 $a(\neq 0)$ に対して,$aa^{-1} = 1$ なる関係があるとき,a^{-1} を a の逆数といい,$a^{-1} = 1/a$ となる。同様な関係は行列にもある。

A を n 次の正方行列,I を単位行列としたとき

$$AA^{-1} = I \tag{5.52}$$

なる関係を満足する行列 A^{-1} を A の**逆行列**といい，次式で与えられる．

$$A^{-1} = \frac{1}{|A|}\widetilde{A} = \frac{1}{|A|}\begin{bmatrix} A_{11} & A_{21} & \cdots & A_{n1} \\ A_{12} & A_{22} & \cdots & A_{n2} \\ \vdots & \vdots & \ddots & \vdots \\ A_{1n} & A_{2n} & \cdots & A_{nn} \end{bmatrix} \quad (5.53)$$

すなわち，逆行列 A^{-1} は A の余因子行列 $\widetilde{A}$ を行列式 $|A|$ で割ったものになる．これより，A の逆行列が存在するには $|A| \neq 0$ でなければならない．

数値例として，式(5.46)の行列の逆行列を求めてみる．

$$A = \begin{bmatrix} 2 & 3 & 4 \\ 1 & 3 & 1 \\ 1 & 2 & 3 \end{bmatrix}$$

まず，行列式 $|A|$ は式(5.34)より次式のように求まる．

$$|A| = \begin{vmatrix} 2 & 3 & 4 \\ 1 & 3 & 1 \\ 1 & 2 & 3 \end{vmatrix} = 4$$

また，余因子行列 $\widetilde{A}$ は式(5.51)より

$$\widetilde{A} = \begin{bmatrix} 7 & -1 & -9 \\ -2 & 2 & 2 \\ -1 & -1 & 3 \end{bmatrix}$$

ゆえに，逆行列 A^{-1} は次式となる．

$$A^{-1} = \frac{1}{|A|}\widetilde{A} = \frac{1}{4}\begin{bmatrix} 7 & -1 & -9 \\ -2 & 2 & 2 \\ -1 & -1 & 3 \end{bmatrix} \quad (5.54)$$

ここで，確認のため AA^{-1} を計算すると

$$AA^{-1} = \frac{1}{4}\begin{bmatrix} 2 & 3 & 4 \\ 1 & 3 & 1 \\ 1 & 2 & 3 \end{bmatrix}\begin{bmatrix} 7 & -1 & -9 \\ -2 & 2 & 2 \\ -1 & -1 & 3 \end{bmatrix}$$

$$= \frac{1}{4}\begin{bmatrix} 14-6-4 & -2+6-4 & -18+6+12 \\ 7-6-1 & -1+6-1 & -9+6+3 \\ 7-4-3 & -1+4-3 & -9+4+9 \end{bmatrix}$$

$$= \frac{1}{4}\begin{bmatrix} 4 & 0 & 0 \\ 0 & 4 & 0 \\ 0 & 0 & 4 \end{bmatrix} = \begin{bmatrix} 1 & 0 & 0 \\ 0 & 1 & 0 \\ 0 & 0 & 1 \end{bmatrix} = I$$

となり，$AA^{-1} = I$ の条件を満足する。

なお，逆行列を間違いなく求めるには，以下の手順に従うとよい。

逆行列の求め方

1. まず，行列式 $|A|$ を計算する。
2. A の行と列を入れ換えて，転置行列 ${}^tA$ を作る。
3. ${}^tA$ の各成分を小行列式で置き換える。
4. 小行列式の符号は，下図のように1行1列を + とし，行と列の交互に +，− を付ける。

$$\begin{bmatrix} + & - & + & \cdots \\ - & + & - & \cdots \\ + & - & + & \cdots \\ \vdots & \vdots & \vdots & \ddots \end{bmatrix}$$

5. 各成分を $|A|$ で割る。

つぎの行列の逆行列を前述の手順に従って求めてみる。

$$A = \begin{bmatrix} 1 & 2 & 2 \\ 2 & 1 & 1 \\ 3 & 3 & 4 \end{bmatrix}$$

1. 行列式 $|A|$ の計算

$$|A| = \begin{vmatrix} 1 & 2 & 2 \\ 2 & 1 & 1 \\ 3 & 3 & 4 \end{vmatrix} = \begin{vmatrix} 1 & 1 \\ 3 & 4 \end{vmatrix} - 2\begin{vmatrix} 2 & 1 \\ 3 & 4 \end{vmatrix} + 2\begin{vmatrix} 2 & 1 \\ 3 & 3 \end{vmatrix} = 1 - 10 + 6 = -3$$

2. 転置行列 ${}^tA$

$$ {}^tA = \begin{bmatrix} 1 & 2 & 3 \\ 2 & 1 & 3 \\ 2 & 1 & 4 \end{bmatrix}$$

3. ${}^tA$ の各成分を小行列式で置き換え
4. 符号をつける

$$\widetilde{A} = \begin{bmatrix} \begin{vmatrix} 1 & 3 \\ 1 & 4 \end{vmatrix} & -\begin{vmatrix} 2 & 3 \\ 2 & 4 \end{vmatrix} & \begin{vmatrix} 2 & 1 \\ 2 & 1 \end{vmatrix} \\ -\begin{vmatrix} 2 & 3 \\ 1 & 4 \end{vmatrix} & \begin{vmatrix} 1 & 3 \\ 2 & 4 \end{vmatrix} & -\begin{vmatrix} 1 & 2 \\ 2 & 1 \end{vmatrix} \\ \begin{vmatrix} 2 & 3 \\ 1 & 3 \end{vmatrix} & -\begin{vmatrix} 1 & 3 \\ 2 & 3 \end{vmatrix} & \begin{vmatrix} 1 & 2 \\ 2 & 1 \end{vmatrix} \end{bmatrix} = \begin{bmatrix} 1 & -2 & 0 \\ -5 & -2 & 3 \\ 3 & 3 & -3 \end{bmatrix}$$

5. 各成分を $|A|$ で割る

$$A^{-1} = \frac{1}{|A|}\widetilde{A} = \frac{1}{-3}\begin{bmatrix} 1 & -2 & 0 \\ -5 & -2 & 3 \\ 3 & 3 & -3 \end{bmatrix} = \begin{bmatrix} -\frac{1}{3} & \frac{2}{3} & 0 \\ \frac{5}{3} & \frac{2}{3} & -1 \\ -1 & -1 & 1 \end{bmatrix}$$

5.8 行列の応用例

5.8.1 連立方程式（クラメルの公式）

以下の x, y についての連立方程式

$$\left.\begin{array}{r} x + 2y = 5 \\ 3x - y = 8 \end{array}\right\} \tag{5.55}$$

を行列表示すると次式となる。

$$\begin{bmatrix} 1 & 2 \\ 3 & -1 \end{bmatrix} \begin{bmatrix} x \\ y \end{bmatrix} = \begin{bmatrix} 5 \\ 8 \end{bmatrix} \tag{5.56}$$

ここで

$$A = \begin{bmatrix} 1 & 2 \\ 3 & -1 \end{bmatrix}, \quad X = \begin{bmatrix} x \\ y \end{bmatrix}, \quad B = \begin{bmatrix} 5 \\ 8 \end{bmatrix} \tag{5.57}$$

とおくと，式(5.56)は次式となる。

$$AX = B \tag{5.58}$$

式(5.58)の両辺に A の逆行列 A^{-1} を掛けると次式となる。

$$A^{-1}AX = A^{-1}B \tag{5.59}$$

ここで，$A^{-1}A = I$ より

$$X = A^{-1}B \tag{5.60}$$

となり，連立方程式の解 (x, y) は，係数行列の逆行列 A^{-1} と右辺の行列 B の行列積となることがわかる。

この結果を用いて実際に解を求めてみよう。逆行列 A^{-1} は次式となる。

$$A^{-1} = \frac{1}{|A|}\tilde{A} = \frac{1}{\begin{vmatrix} 1 & 2 \\ 3 & -1 \end{vmatrix}} \begin{bmatrix} -1 & -2 \\ -3 & 1 \end{bmatrix} = \frac{1}{-7}\begin{bmatrix} -1 & -2 \\ -3 & 1 \end{bmatrix} \tag{5.61}$$

これを式(5.60)に代入すると

$$X = \begin{bmatrix} x \\ y \end{bmatrix} = \frac{1}{-7}\begin{bmatrix} -1 & -2 \\ -3 & 1 \end{bmatrix}\begin{bmatrix} 5 \\ 8 \end{bmatrix} = \frac{1}{-7}\begin{bmatrix} -21 \\ -7 \end{bmatrix} = \begin{bmatrix} 3 \\ 1 \end{bmatrix} \tag{5.62}$$

となり，$x = 3$，$y = 1$ が得られる。

以上，二元連立方程式の例を示したが，この解法は n 元連立方程式の場合もまったく同様である。そこで，以下の n 元連立方程式の解を求めてみよう。

$$\left.\begin{array}{l} a_{11}x_1 + a_{12}x_2 + \cdots + a_{1n}x_n = b_1 \\ a_{21}x_1 + a_{22}x_2 + \cdots + a_{2n}x_n = b_2 \\ \vdots \qquad \vdots \qquad \cdots \qquad \vdots \qquad \vdots \\ a_{n1}x_1 + a_{n2}x_2 + \cdots + a_{nn}x_n = b_n \end{array}\right\} \tag{5.63}$$

ここで

$$A = \begin{bmatrix} a_{11} & a_{12} & \cdots & a_{1n} \\ a_{21} & a_{22} & \cdots & a_{2n} \\ \vdots & \vdots & \ddots & \vdots \\ a_{n1} & a_{n2} & \cdots & a_{nn} \end{bmatrix}, \quad X = \begin{bmatrix} x_1 \\ x_2 \\ \vdots \\ x_n \end{bmatrix}, \quad B = \begin{bmatrix} b_1 \\ b_2 \\ \vdots \\ b_n \end{bmatrix} \tag{5.64}$$

とおくと，式(5.60)より，解は次式で与えられる。

$$X = A^{-1}B = \frac{1}{|A|}\tilde{A}B$$

$$= \frac{1}{|A|}\begin{bmatrix} A_{11} & A_{21} & \cdots & A_{n1} \\ A_{12} & A_{22} & \cdots & A_{n2} \\ \vdots & \vdots & \ddots & \vdots \\ A_{1n} & A_{2n} & \cdots & A_{nn} \end{bmatrix}\begin{bmatrix} b_1 \\ b_2 \\ \vdots \\ b_n \end{bmatrix}$$

$$= \frac{1}{|A|} \begin{bmatrix} b_1 A_{11} + b_2 A_{21} + \cdots + b_n A_{n1} \\ b_1 A_{12} + b_2 A_{22} + \cdots + b_n A_{n2} \\ \vdots \quad \vdots \quad \cdots \quad \vdots \\ b_1 A_{1n} + b_2 A_{2n} + \cdots + b_n A_{nn} \end{bmatrix} \tag{5.65}$$

ゆえに，解 X は次式で表される．

$$X = \begin{bmatrix} x_1 \\ x_2 \\ \vdots \\ x_n \end{bmatrix} = \frac{1}{|A|} \begin{bmatrix} \sum_{i=1}^{n} b_i A_{i1} \\ \sum_{i=1}^{n} b_i A_{i2} \\ \vdots \\ \sum_{i=1}^{n} b_i A_{in} \end{bmatrix} \tag{5.66}$$

ここで，右辺の行列の1行の成分は

$$\sum_{i=1}^{n} b_i A_{i1} = b_1 A_{11} + b_2 A_{21} + \cdots + b_n A_{n1} = \begin{vmatrix} b_1 & a_{12} & a_{13} & \cdots & a_{1n} \\ b_2 & a_{22} & a_{23} & \cdots & a_{2n} \\ \vdots & \vdots & \vdots & \cdots & \vdots \\ b_n & a_{n2} & a_{n3} & \cdots & a_{nn} \end{vmatrix}$$

となり，行列式 $|A|$ の1列を行列 B の成分で置き換えたものを1列で展開したものにほかならない．したがって，式(5.66)の右辺の行列の各成分

$$\sum_{i=1}^{n} b_i A_{ij} \quad (j = 1, 2, \cdots, n) \tag{5.67}$$

は，行列式 $|A|$ の j 列を行列 B の成分で置き換えた以下の行列式

$$\begin{vmatrix} a_{11} & a_{12} & \cdots & b_1 & \cdots & a_{1n} \\ a_{21} & a_{22} & \cdots & b_2 & \cdots & a_{2n} \\ \vdots & \vdots & \cdots & \vdots & & a_{1n} \\ a_{n1} & a_{n2} & \cdots & b_n & \cdots & a_{nn} \end{vmatrix} \tag{5.68}$$

（j 列）

を j 列で展開したものに等しい．以上より，n 元連立方程式の解は次式で与えられる．

$$x_j = \frac{1}{|\boldsymbol{A}|} \sum_{i=1}^{n} b_i A_{ij} = \frac{\begin{vmatrix} a_{11} & a_{12} & \cdots & b_1 & \cdots & a_{1n} \\ a_{21} & a_{22} & \cdots & b_2 & \cdots & a_{2n} \\ \vdots & \vdots & \cdots & \vdots & \cdots & \vdots \\ a_{n1} & a_{n2} & \cdots & b_n & \cdots & a_{nn} \end{vmatrix}}{\begin{vmatrix} a_{11} & a_{12} & \cdots & a_{1n} \\ a_{21} & a_{22} & \cdots & a_{2n} \\ \vdots & \vdots & \ddots & \vdots \\ a_{n1} & a_{n2} & \cdots & a_{nn} \end{vmatrix}} \quad (5.69)$$

（j列）

式(5.69)を**クラメルの公式**（Cramer's rule）という．この公式を用いて，前述の連立方程式(5.55)の解を求めると

$$x = \frac{\begin{vmatrix} 5 & 2 \\ 8 & -1 \end{vmatrix}}{\begin{vmatrix} 1 & 2 \\ 3 & -1 \end{vmatrix}} = \frac{-21}{-7} = 3, \quad y = \frac{\begin{vmatrix} 1 & 5 \\ 3 & 8 \end{vmatrix}}{\begin{vmatrix} 1 & 2 \\ 3 & -1 \end{vmatrix}} = \frac{-7}{-7} = 1$$

となり，式(5.62)と同じ結果が得られる．

なお，二元および三元連立方程式のクラメルの公式を具体的に示すと，二元連立方程式

$$\left. \begin{array}{l} a_{11}x + a_{12}y = b_1 \\ a_{21}x + a_{22}y = b_2 \end{array} \right\} \quad (5.70)$$

の解は次式となる．

$$x = \frac{\begin{vmatrix} b_1 & a_{12} \\ b_2 & a_{22} \end{vmatrix}}{\begin{vmatrix} a_{11} & a_{12} \\ a_{21} & a_{22} \end{vmatrix}}, \quad y = \frac{\begin{vmatrix} a_{11} & b_1 \\ a_{21} & b_2 \end{vmatrix}}{\begin{vmatrix} a_{11} & a_{12} \\ a_{21} & a_{22} \end{vmatrix}} \quad (5.71)$$

また，三元連立方程式

$$\left. \begin{array}{l} a_{11}x + a_{12}y + a_{13}z = b_1 \\ a_{21}x + a_{22}y + a_{23}z = b_2 \\ a_{31}x + a_{32}y + a_{33}z = b_3 \end{array} \right\} \quad (5.72)$$

の解は次式となる．

$$x = \frac{\begin{vmatrix} b_1 & a_{12} & a_{13} \\ b_2 & a_{22} & a_{23} \\ b_3 & a_{32} & a_{33} \end{vmatrix}}{\begin{vmatrix} a_{11} & a_{12} & a_{13} \\ a_{21} & a_{22} & a_{23} \\ a_{31} & a_{32} & a_{33} \end{vmatrix}}, \quad y = \frac{\begin{vmatrix} a_{11} & b_1 & a_{13} \\ a_{21} & b_2 & a_{23} \\ a_{31} & b_3 & a_{33} \end{vmatrix}}{\begin{vmatrix} a_{11} & a_{12} & a_{13} \\ a_{21} & a_{22} & a_{23} \\ a_{31} & a_{32} & a_{33} \end{vmatrix}}, \quad z = \frac{\begin{vmatrix} a_{11} & a_{12} & b_1 \\ a_{21} & a_{22} & b_2 \\ a_{31} & a_{32} & b_3 \end{vmatrix}}{\begin{vmatrix} a_{11} & a_{12} & a_{13} \\ a_{21} & a_{22} & a_{23} \\ a_{31} & a_{32} & a_{33} \end{vmatrix}} \quad (5.73)$$

このように，クラメルの公式は連立方程式の解が機械的に求められるため，きわめて便利である．このクラメルの公式の応用例として，ブリッジ回路解析の例を示す．

5.8.2 ブリッジ回路

図 5.1 はホイートストンブリッジで，電気抵抗の精密測定などに利用されている．いま，ブリッジ回路の各ループを流れる電流を I_1, I_2, I_3, としてキルヒホッフの電圧則を適用すると

$$\left. \begin{array}{l} \text{ループ}1: R_1 I_1 + R_5(I_1 - I_2) + R_3(I_1 - I_3) = 0 \\ \text{ループ}2: R_2 I_2 + R_4(I_2 - I_3) + R_5(I_2 - I_1) = 0 \\ \text{ループ}3: R_6 I_3 + R_3(I_3 - I_1) + R_4(I_3 - I_2) = E \end{array} \right\} \quad (5.74)$$

が得られる．式(5.74)を各ループ電流で整理すると

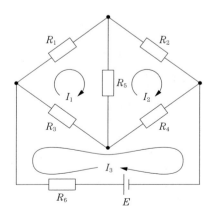

図 5.1　ホイートストンブリッジ

$$\left.\begin{array}{l}(R_1 + R_3 + R_5)I_1 - R_5I_2 - R_3I_3 = 0 \\ -R_5I_1 + (R_2 + R_4 + R_5)I_2 - R_4I_3 = 0 \\ -R_3I_1 - R_4I_2 + (R_3 + R_4 + R_6)I_3 = E\end{array}\right\} \quad (5.75)$$

となる．これを行列表示すると

$$\begin{bmatrix} R_1 + R_3 + R_5 & -R_5 & -R_3 \\ -R_5 & R_2 + R_4 + R_5 & -R_4 \\ -R_3 & -R_4 & R_3 + R_4 + R_6 \end{bmatrix} \begin{bmatrix} I_1 \\ I_2 \\ I_3 \end{bmatrix} = \begin{bmatrix} 0 \\ 0 \\ E \end{bmatrix} \quad (5.76)$$

となり，電流を I_1, I_2, I_3 を変数とする三元連立方程式になる．

したがって，クラメルの公式(5.69)を用いると

$$I_1 = \frac{1}{\Delta} \begin{vmatrix} 0 & -R_5 & -R_3 \\ 0 & R_2 + R_4 + R_5 & -R_4 \\ E & -R_4 & R_3 + R_4 + R_6 \end{vmatrix}$$

$$= \frac{E}{\Delta}\{R_4R_5 + R_3(R_2 + R_4 + R_5)\} \quad (5.77)$$

$$I_2 = \frac{1}{\Delta} \begin{vmatrix} R_1 + R_3 + R_5 & 0 & -R_3 \\ -R_5 & 0 & -R_4 \\ -R_3 & E & R_3 + R_4 + R_6 \end{vmatrix}$$

$$= \frac{E}{\Delta}\{R_3R_5 + R_4(R_1 + R_3 + R_5)\} \quad (5.78)$$

$$I_3 = \frac{1}{\Delta} \begin{vmatrix} R_1 + R_3 + R_5 & -R_5 & 0 \\ -R_5 & R_2 + R_4 + R_5 & 0 \\ -R_3 & -R_4 & E \end{vmatrix}$$

$$= \frac{E}{\Delta}\{(R_1 + R_3 + R_5)(R_2 + R_4 + R_5) - R_5^2\} \quad (5.79)$$

と求まる．ただし

$$\Delta = \begin{vmatrix} R_1 + R_3 + R_5 & -R_5 & -R_3 \\ -R_5 & R_2 + R_4 + R_5 & -R_4 \\ -R_3 & -R_4 & R_3 + R_4 + R_6 \end{vmatrix} \quad (5.80)$$

である．ここで，抵抗 R_5 を流れる電流 $I_1 - I_2$ は

$$I_1 - I_2 = \frac{E}{\Delta}\{R_4R_5 + R_3(R_2 + R_4 + R_5)\}$$
$$- \frac{E}{\Delta}\{R_3R_5 + R_4(R_1 + R_3 + R_5)\}$$
$$= \frac{E}{\Delta}\{R_4R_5 + R_2R_3 + R_3R_4 + R_3R_5$$
$$- (R_3R_5 + R_1R_4 + R_3R_4 + R_4R_5)\}$$
$$= \frac{E}{\Delta}(R_2R_3 - R_1R_4) \tag{5.81}$$

となる。これより，抵抗 R_5 を流れる電流が 0 となるのは

$$R_2R_3 = R_1R_4 \tag{5.82}$$

の条件が成立するときで，式(5.82)をホイートストンブリッジの**平衡条件**という。

5.8.3 二端子対回路

二端子対回路とは，図 5.2 に示すように二個の端子対を持つ回路のことで，通常は入力および出力端子対が扱われる。この二端子対回路の電圧と電流の関係を表すのに行列が用いられる。例えば，入出力の電圧 V_1, V_2 は入出力の電流 I_1, I_2 を用いて以下のように表される。

図 5.2 二端子対回路

$$\left.\begin{array}{l}V_1 = Z_{11}I_1 + Z_{12}I_2 \\ V_2 = Z_{21}I_1 + Z_{22}I_2\end{array}\right\} \tag{5.83}$$

式(5.83)を行列で表すと

$$\begin{bmatrix}V_1 \\ V_2\end{bmatrix} = \begin{bmatrix}Z_{11} & Z_{12} \\ Z_{21} & Z_{22}\end{bmatrix}\begin{bmatrix}I_1 \\ I_2\end{bmatrix} \tag{5.84}$$

となる。式(5.84)の係数

$$\boldsymbol{Z} = \begin{bmatrix}Z_{11} & Z_{12} \\ Z_{21} & Z_{22}\end{bmatrix} \tag{5.85}$$

を二端子対回路の**インピーダンス行列**といい，この行列要素を求めることによ

り，回路の特性が明らかになる。

ところで，二端子対回路を表す行列には，インピーダンス行列以外にアドミタンス行列，四端子行列およびハイブリッド行列があり，各行列が表す電圧と電流の関係を以下に示す。

まず，**アドミタンス行列** Y は入力電流（I_1, I_2）と出力電圧（V_1, V_2）の関係を表す。

$$Y = \begin{bmatrix} Y_{11} & Y_{12} \\ Y_{21} & Y_{22} \end{bmatrix}, \quad \begin{bmatrix} I_1 \\ I_2 \end{bmatrix} = \begin{bmatrix} Y_{11} & Y_{12} \\ Y_{21} & Y_{22} \end{bmatrix}\begin{bmatrix} V_1 \\ V_2 \end{bmatrix} \tag{5.86}$$

四端子行列 F は入力の電圧，電流（V_1, I_1）と出力の電圧，電流（V_2, I_2）の関係を表す。このときの I_2 は図 5.2 の場合と逆向きにとる。

$$F = \begin{bmatrix} A & B \\ C & D \end{bmatrix}, \quad \begin{bmatrix} V_1 \\ I_1 \end{bmatrix} = \begin{bmatrix} A & B \\ C & D \end{bmatrix}\begin{bmatrix} V_2 \\ I_2 \end{bmatrix} \tag{5.87}$$

ハイブリッド行列には，以下に示すよう二つの行列がある。

$$H = \begin{bmatrix} h_{11} & h_{12} \\ h_{21} & h_{22} \end{bmatrix}, \quad \begin{bmatrix} V_1 \\ I_2 \end{bmatrix} = \begin{bmatrix} h_{11} & h_{12} \\ h_{21} & h_{22} \end{bmatrix}\begin{bmatrix} I_1 \\ V_2 \end{bmatrix} \tag{5.88}$$

$$G = \begin{bmatrix} g_{11} & g_{12} \\ g_{21} & g_{22} \end{bmatrix}, \quad \begin{bmatrix} I_1 \\ V_2 \end{bmatrix} = \begin{bmatrix} g_{11} & g_{12} \\ g_{21} & g_{22} \end{bmatrix}\begin{bmatrix} V_1 \\ I_2 \end{bmatrix} \tag{5.89}$$

式 (5.88)，式 (5.89) から，H 行列は入力電圧，出力電流（V_1, I_2）と入力電流，出力電圧（I_1, V_2）の関係，G 行列は出力電流，入力電圧（I_2, V_1）と入力電流，出力電圧（I_1, V_2）の関係を表すことがわかる。

これらの行列は目的に応じて使い分けられる。一例を挙げると，ハイブリッド H 行列は，以下のようにトランジスタの特性を表現するのに用いられる。

図 5.3 は NPN トランジスタのエミッタ接地回路で，V_{BE}，I_{B} はベースの電圧と電流，V_{CE}，I_{C} はコレクタの電圧と電流である。この回路に式 (5.88) の H 行列を適用すると次式で表される。

$$\begin{bmatrix} V_{\mathrm{BE}} \\ I_{\mathrm{C}} \end{bmatrix} = \begin{bmatrix} h_{\mathrm{ie}} & h_{\mathrm{re}} \\ h_{\mathrm{fe}} & h_{\mathrm{oe}} \end{bmatrix}\begin{bmatrix} I_{\mathrm{B}} \\ V_{\mathrm{CE}} \end{bmatrix} \tag{5.90}$$

ここで，H 行列の各要素は **h パラメータ**と呼ばれ，**表 5.1** に示すようにトランジスタの特性を表す重要なパラメータである。

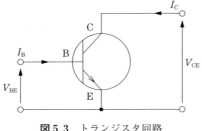

表5.1 トランジスタの h パラメータ

h_{ie}	入力インピーダンス
h_{re}	電圧帰還率
h_{fe}	電流増幅率
h_{oe}	出力アドミッタンス

図5.3 トランジスタ回路

5.8.4 回転行列

図5.4において，点Pを原点Oの周りに角θだけ回転したときの点をP′とする。このとき，点P′の座標(x', y')と点Pの座標(x, y)は以下の関係を満足する。

$$\begin{aligned} x' &= x\cos\theta - y\sin\theta \\ y' &= x\sin\theta + y\cos\theta \end{aligned} \quad (5.91)$$

式(5.91)を行列で表現すると次式となる。

$$\begin{bmatrix} x' \\ y' \end{bmatrix} = \begin{bmatrix} \cos\theta & -\sin\theta \\ \sin\theta & \cos\theta \end{bmatrix} \begin{bmatrix} x \\ y \end{bmatrix} \quad (5.92)$$

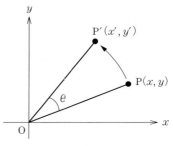

図5.4 点の回転

式(5.92)から，行列

$$R_\theta = \begin{bmatrix} \cos\theta & -\sin\theta \\ \sin\theta & \cos\theta \end{bmatrix} \quad (5.93)$$

を掛けることにより，点が角θだけ回転するため，この行列を**回転行列**という。

【証明】 いま，図5.5に示すように，線分OPとx軸のなす角をαとする。このとき，回転する前の点Pの座標(x, y)は

$$x = r\cos\alpha \\ y = r\sin\alpha \quad \} \quad (5.94)$$

となり，回転後の点 P′ の座標 (x', y') は次式となる。

$$x' = r\cos(\alpha + \theta) \\ y' = r\sin(\alpha + \theta) \quad \} \quad (5.95)$$

式(5.95)を三角関数の加法定理を用いて展開すると

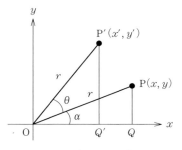

図5.5 点の回転と角度

$$\begin{aligned} x' &= r\cos(\alpha + \theta) = r(\cos\alpha\cos\theta - \sin\alpha\sin\theta) \\ &= r\cos\alpha\cos\theta - r\sin\alpha\sin\theta \\ y' &= r\sin(\alpha + \theta) = r(\sin\alpha\cos\theta + \cos\alpha\sin\theta) \\ &= r\cos\alpha\sin\theta + r\sin\alpha\cos\theta \end{aligned} \quad \} \quad (5.96)$$

式(5.96)に，式(5.94)を代入すると以下となり，式(5.91)が得られる。

$$x' = x\cos\theta - y\sin\theta \\ y' = x\sin\theta + y\cos\theta \quad \} \quad (5.97)$$

演 習 問 題

【1】 以下の行列式の値を求めよ。

(1) $\begin{vmatrix} 2 & 1 \\ 3 & 6 \end{vmatrix}$ (2) $\begin{vmatrix} 9 & 6 \\ 3 & 2 \end{vmatrix}$ (3) $\begin{vmatrix} 1 & 2 & 3 \\ 1 & 1 & 1 \\ 4 & 5 & 6 \end{vmatrix}$ (4) $\begin{vmatrix} 2 & 0 & 2 \\ 1 & 1 & -1 \\ 1 & 2 & 4 \end{vmatrix}$

(5) $\begin{vmatrix} 2 & 4 & 0 & 6 \\ 7 & 1 & 3 & 4 \\ -2 & 1 & -1 & 2 \\ 8 & -3 & 4 & -8 \end{vmatrix}$ (6) $\begin{vmatrix} 1 & 2 & 3 & 5 \\ 1 & 3 & 4 & 3 \\ 1 & 4 & 1 & 5 \\ 1 & 1 & 2 & 7 \end{vmatrix}$ (7) $\begin{vmatrix} 1 & 2 & 1 & 1 \\ 1 & 4 & 2 & 2 \\ 1 & 2 & 5 & 2 \\ 1 & 2 & 1 & 6 \end{vmatrix}$

【2】 以下の行列式を計算せよ。

(1) $\begin{vmatrix} \cos\theta & \sin\theta \\ -\sin\theta & \cos\theta \end{vmatrix}$ (2) $\begin{vmatrix} 0 & a & b \\ -a & 0 & c \\ -b & -c & 0 \end{vmatrix}$

(3) $\begin{vmatrix} 0 & -\sin\beta & \cos\beta \\ \cos\alpha & \sin\alpha\cos\beta & \sin\alpha\sin\beta \\ -\sin\alpha & \cos\alpha\cos\beta & \cos\alpha\sin\beta \end{vmatrix}$

【3】以下の式を満足する x の値を求めよ。

(1) $\begin{vmatrix} x & 2 \\ 2 & x \end{vmatrix} = 0$ (2) $\begin{vmatrix} x & 1 \\ 3 & x+2 \end{vmatrix} = 0$

(3) $\begin{vmatrix} x+1 & 1 & 1 & 1 \\ 2 & x+2 & 2 & 2 \\ 3 & 3 & x+3 & 3 \\ 4 & 4 & 4 & x+4 \end{vmatrix} = 0$

【4】以下の行列の計算をせよ。

(1) $\begin{bmatrix} 1 & 2 \\ 0 & 1 \end{bmatrix}\begin{bmatrix} 1 & 0 \\ 3 & 2 \end{bmatrix}$ (2) $\begin{bmatrix} 1 & 0 \\ 3 & 2 \end{bmatrix}\begin{bmatrix} 1 & 2 \\ 0 & 1 \end{bmatrix}$ (3) $\begin{bmatrix} 1 & 0 & 2 \\ 0 & 2 & 1 \\ -1 & 1 & 3 \end{bmatrix}\begin{bmatrix} 0 & 1 & 2 \\ 1 & 1 & 0 \\ 1 & 3 & 1 \end{bmatrix}$

(4) $\begin{bmatrix} 2 & 0 \\ -1 & 3 \\ 1 & 0 \end{bmatrix}\begin{bmatrix} 1 & 1 & 0 \\ 0 & 3 & 2 \end{bmatrix}$ (5) $\begin{bmatrix} 1 & -1 & -1 \\ 0 & 1 & -1 \\ 0 & 0 & 1 \end{bmatrix}\begin{bmatrix} 3 \\ 2 \\ 1 \end{bmatrix}$

【5】以下の行列の逆行列を求めよ。

(1) $\begin{bmatrix} 1 & -2 \\ 2 & 3 \end{bmatrix}$ (2) $\begin{bmatrix} 2 & 1 & 1 \\ 1 & 1 & 1 \\ 2 & 1 & 3 \end{bmatrix}$ (3) $\begin{bmatrix} 1 & 1 & 2 \\ 1 & -1 & 2 \\ -1 & 2 & 3 \end{bmatrix}$ (4) $\begin{bmatrix} 2 & 0 & 1 \\ -1 & 1 & 3 \\ 3 & 0 & 2 \end{bmatrix}$

【6】以下の連立方程式を逆行列による方法とクラメルの方法で解け。

(1) $\begin{array}{l} x - 2y = 4 \\ 2x + 3y = 1 \end{array}$ (2) $\begin{array}{l} x + y + 2z = 6 \\ x - y + 2z = 2 \\ -x + 2y + 3z = 4 \end{array}$ (3) $\begin{array}{l} 2x + y + z = 1 \\ x + y + z = 2 \\ 2x + y + 3z = 3 \end{array}$

【7】図 5.6 の回路で，各ループを流れる電流 I_1, I_2 を求めよ。ただし，$R_1 = 1\,\Omega$, $R_2 = 2\,\Omega$, $R_3 = 4\,\Omega$, $E = 7\,\mathrm{V}$ とする。

【8】図 5.7 の回路について，以下の問いに答えよ。

(1) 抵抗 R を流れる電流 I_2 を求めよ。

(2) 抵抗 R の値が変わっても I_2 が変化しない条件を求めよ。また，このときの I_2 と E の位相関係を求めよ。

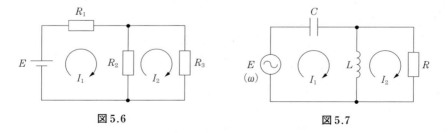

図 5.6   図 5.7

6 微分と積分

　微分や積分は電気電子工学のさまざまな現象の表現や計算などに広く利用されているため，微分，積分の基礎的知識を身に付け，それらを自由に使いこなせることが大切である。このような考え方から，本章では微分や積分に関する公式と基本的な計算法について説明し，その習得を目的とする。応用として，微分では電磁気諸量の表現と微分演算子，積分では交流の平均値と実効値について紹介する。なお，微積分に関する定理の証明などは数学の専門書を参照してもらうこととする。

6.1 微 分 と は

　図 6.1 の関数 $y = f(x)$ 上の点 P で，x が Δx 増加したときの点を Q とし，y の増加分を Δy とする。このとき，直線 PQ の傾きは次式で表される。

$$\frac{\Delta y}{\Delta x} = \frac{f(x + \Delta x) - f(x)}{\Delta x} \tag{6.1}$$

式(6.1)で，$\Delta x \to 0$ として得られる関数を $f'(x)$ と表記し，$f(x)$ の **導関数** という。

$$\lim_{\Delta x \to 0} \frac{\Delta y}{\Delta x}$$
$$= \lim_{\Delta x \to 0} \frac{f(x + \Delta x) - f(x)}{\Delta x}$$
$$= f'(x) \tag{6.2}$$

このように，関数 $f(x)$ についてその

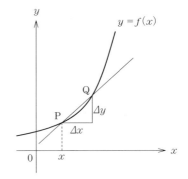

図 6.1　関数の微分

導関数 $f'(x)$ を求めることを，その関数を**微分**するといい，記号 dy/dx を用いて次式のように表記される。また，$f'(x)$ を表すのに y' の記号も用いられる。

$$\frac{dy}{dx} = f'(x) = y'$$

なお，点 P の x 座標に a を代入して得られる導関数 $f'(a)$ は，$x = a$ における $f(x)$ の**微分係数**と呼ばれ，点 P におけるこの曲線の接線の傾きに等しい。

6.2 導関数と微分法の定理

通常，関数の微分はいくつかの基礎となる公式や定理を組み合わせて計算する。本節では，よく使われる関数の導関数と微分法の定理をまとめて示す。

6.2.1 関数の導関数

〔1〕 **定数の微分**　　定数 C の微分は 0 となる。

$$\frac{dC}{dx} = 0 \tag{6.3}$$

〔2〕 **べき乗の微分**　　$y = x^n$ のとき次式となる。

$$\frac{dx^n}{dx} = nx^{n-1} \tag{6.4}$$

これより以下が成り立つ。

$$\frac{d}{dx}(x) = 1, \quad \frac{d}{dx}\left(\frac{1}{x}\right) = -\frac{1}{x^2}$$

〔3〕 **指数関数の微分**　　e^x は微分しても変わらず，e^x である。

$$\frac{de^x}{dx} = e^x \tag{6.5}$$

$y = a^x$ のとき次式となる。

$$\frac{da^x}{dx} = a^x \ln a \qquad (a > 0, a \neq 1) \tag{6.6}$$

$\left(\text{この場合, } a^x = e^{x \ln a} \text{ となるから, } \dfrac{da^x}{dx} = \dfrac{d(e^{x \ln a})}{dx} = a^x \ln a\right)$

〔4〕 **対数関数の微分**　$y = \ln x$ のとき次式となる。

$$\frac{d \ln x}{dx} = \frac{1}{x} \tag{6.7}$$

$\left(\text{この場合, } x = e^y \text{ となるから, } \dfrac{dx}{dy} = e^y = x, \quad \therefore \quad \dfrac{dy}{dx} = \dfrac{1}{x}\right)$

$y = \log_a x$ のとき次式となる。

$$\frac{d \log_a x}{dx} = \frac{1}{x \ln a} \tag{6.8}$$

$\left(\text{この場合, } x = a^y \text{ となるから, } \dfrac{dx}{dy} = \dfrac{da^y}{dx} = a^y \ln a = x \ln a, \right.$

$\left. \therefore \quad \dfrac{dy}{dx} = \dfrac{1}{x \ln a}\right)$

〔5〕 **三角関数の微分**　代表的な三角関数 $\sin x$, $\cos x$ および $\tan x$ の微分を示す。

$$\frac{d \sin x}{dx} = \cos x \tag{6.9}$$

$$\frac{d \cos x}{dx} = -\sin x \tag{6.10}$$

$$\frac{d \tan x}{dx} = \sec^2 x = \frac{1}{\cos^2 x} \tag{6.11}$$

この三角関数の微分に関しては，2.1 節の図 2.5 の関係図を利用するとよい。

6.2.2 微分法の定理

〔1〕 **関数の和および差の微分**　$y = f(x) \pm g(x)$ のとき次式となる。

$$\{f(x) \pm g(x)\}' = f'(x) \pm g'(x) \tag{6.12}$$

〔2〕 **関数の積の微分**　$y = f(x)g(x)$ のとき次式となる。

$$\{f(x)g(x)\}' = f'(x)g(x) + f(x)g'(x) \tag{6.13}$$

例として，$y = x^2 \sin x$ と $y = \sin x \cos x$ の微分を行うと以下のようになる。

$$\frac{d}{dx}(x^2 \sin x) = (x^2)' \sin x + x^2 (\sin x)' = 2x \sin x + x^2 \cos x$$

$$\frac{d}{dx}(\sin x \cos x)$$
$$= (\sin x)' \cos x + \sin x (\cos x)' = \cos x \cos x + \sin x (-\sin x)$$
$$= \cos^2 x - \sin^2 x = 1 - 2\sin^2 x = \cos 2x$$

〔3〕 **関数の商の微分**　$y = \dfrac{f(x)}{g(x)}$ のとき次式となる。

$$\left(\frac{f(x)}{g(x)}\right)' = \frac{f'(x)g(x) - f(x)g'(x)}{\{g(x)\}^2} \tag{6.14}$$

この商の微分は，$f(x)/g(x) = f(x)(1/g(x))$ として，積の微分の公式 (6.13) を用いても同じ結果となる。

例えば，$y = \sin x / x$ は次式となる。

$$\frac{d}{dx}\left(\frac{\sin x}{x}\right) = \frac{(\sin x)' x - \sin x (x)'}{x^2} = \frac{x \cos x - \sin x}{x^2}$$

また，$y = \tan x = \sin x / \cos x$ であるから次式となる。

$$\frac{d}{dx}(\tan x) = \frac{d}{dx}\left(\frac{\sin x}{\cos x}\right) = \frac{(\sin x)' \cos x - \sin x (\cos x)'}{\cos^2 x}$$
$$= \frac{\cos x \cos x - \sin x (-\sin x)}{\cos^2 x} = \frac{\cos^2 x + \sin^2 x}{\cos^2 x}$$

$$= \frac{1}{\cos^2 x} = \sec^2 x$$

〔4〕 合成関数の微分　　$y = f\{g(x)\}$ のとき次式となる。

$$\frac{df\{g(x)\}}{dx} = \frac{df(u)}{du}\frac{du}{dx} = f'\{g(x)\}g'(x) \tag{6.15}$$

例えば，$y = (x^2 + 1)^3$ は，$u = x^2 + 1$ とおくと $y = u^3$ となる。したがって次式となる。

$$\frac{dy}{dx} = \frac{du^3}{du}\frac{du}{dx} = 3u^2 2x = 3(x^2+1)^2 2x = 6x(x^2+1)^2$$

同様にして，e^{x^2}，$e^{j\omega t}$ および $\sin \omega t$ を微分すると以下のようになる。

$$\frac{d}{dx}e^{x^2} = 2xe^{x^2}, \qquad \frac{d}{dt}e^{j\omega t} = j\omega e^{j\omega t}, \qquad \frac{d}{dt}\sin \omega t = \omega \cos \omega t$$

〔5〕 逆関数の微分　　$y = f(x)$ の逆関数を $x = g(y)$ とすると次式となる。

$$\frac{dy}{dx} = \frac{1}{\dfrac{dx}{dy}} \text{ より } \quad \therefore \quad \frac{df(x)}{dx} = \frac{1}{\dfrac{dg(y)}{dy}} = \frac{1}{g'(y)} \tag{6.16}$$

例えば，$y = \sin^{-1} x$ とすると，$x = \sin y$ であるから次式となる。

$$\frac{dy}{dx} = \frac{1}{\dfrac{d\sin y}{dy}} = \frac{1}{\cos y}$$

ここで，$\cos y = \sqrt{1 - \sin^2 y} = \sqrt{1 - x^2}$ より

$$\therefore \quad \frac{d}{dx}(\sin^{-1} x) = \frac{1}{\sqrt{1-x^2}} \qquad (|x| < 1)$$

また，$y = \tan^{-1} x$ とすると，$x = \tan y$ であるから

$$\frac{d}{dx}(\tan^{-1} x) = \frac{1}{\dfrac{d\tan y}{dy}} = \frac{1}{\sec^2 y} = \frac{1}{1+x^2}$$

〔6〕 **媒介変数からなる関数の微分**　$y = f(t), x = g(t)$（t：媒介変数）のとき次式となる。

$$\frac{dy}{dx} = \frac{dy}{dt}\frac{dt}{dx} = \frac{\frac{dy}{dt}}{\frac{dx}{dt}} = \frac{\frac{df(t)}{dt}}{\frac{dg(t)}{dt}} = \frac{f'(t)}{g'(t)} \tag{6.17}$$

例えば，θ を媒介変数として $y = r\sin^3\theta$，$x = r\cos^3\theta$ と表されるとき

$$\frac{dy}{dx} = \frac{\frac{dy}{d\theta}}{\frac{dx}{d\theta}} = \frac{\frac{d}{d\theta}(r\sin^3\theta)}{\frac{d}{d\theta}(r\cos^3\theta)} = \frac{3r\sin^2\theta\cos\theta}{3r\cos^2\theta(-\sin\theta)}$$

$$= -\frac{\sin\theta}{\cos\theta} = -\tan\theta$$

6.3　偏微分と全微分

二つの変数 x と y を含む関数 u がある。

$$u = f(x, y) \tag{6.18}$$

具体的に，関数 u が次式で表されるとする。

$$u = ax^3 + by^2 + c \tag{6.19}$$

式(6.19)で，y を定数と考えて x で微分すると次式となる。

$$\frac{du}{dx} = 3ax^2 \tag{6.20}$$

一方，x を定数と考えて y で微分すると次式となる。

$$\frac{du}{dy} = 2by \tag{6.21}$$

このように，二つの変数 x と y を含む関数 u において，一つの変数に着目し，他の変数を定数とみなして微分することを**偏微分**という。そして，一変数

からなる微分と区別するため，d の代わりに ∂（ラウンド）が用いられる．したがって，式(6.20)，式(6.21)は以下のように書く．

$$\frac{\partial u}{\partial x} = 3ax^2 \tag{6.22}$$

$$\frac{\partial u}{\partial y} = 2by \tag{6.23}$$

なお，三つ以上の変数からなる関数についても，同様にして偏微分が定義される．例えば，変数 x，y，z を含む関数 u

$$u = f(x, y, z) = ax^2 + by^3 + cz^4 \tag{6.24}$$

の偏微分は以下のようになる．

$$\frac{\partial u}{\partial x} = 2ax, \quad \frac{\partial u}{\partial y} = 3by^2, \quad \frac{\partial u}{\partial z} = 4cz^3 \tag{6.25}$$

つぎに，関数 $u = f(x, y)$ において，x と y がそれぞれ Δx，Δy 変化したときの u の変化量 Δu は，次式で表される．

$$\Delta u = \frac{\partial u}{\partial x} \Delta x + \frac{\partial u}{\partial y} \Delta y \tag{6.26}$$

式(6.26)の極限をとると

$$du = \frac{\partial u}{\partial x} dx + \frac{\partial u}{\partial y} dy \tag{6.27}$$

となり，式(6.27)を関数 $u = f(x, y)$ の**全微分**という．例えば，$u = Ax^3 y^3$ とすると

$$du = 3Ax^2 y^3 dx + 3Ax^3 y^2 dy$$

となる．ここで，u の変化率 du/u を求めると

$$\frac{du}{u} = \frac{3Ax^2 y^3 dx + 3Ax^3 y^2 dy}{Ax^3 y^3} = 3\frac{dx}{x} + 3\frac{dy}{y}$$

となり，x，y の変化率の3倍が u の変化率に影響することがわかる．

6.4 微分の応用例

6.4.1 電気磁気量の表現

電気電子工学では,物理量を微分の形で表現することが多い。ここでは,回路工学や電気磁気学で登場する代表的な物理量を紹介する。

〔1〕**電　流**　電流 i は電荷 q の時間変化で,次式で表される。

$$i = \frac{dq}{dt} \tag{6.28}$$

〔2〕**電磁誘導の法則**　図 6.2 のように,N 巻きのコイルを通過する磁束 Φ が変化するとき,その変化を妨げる向きに電流を流す誘導起電力 e が生じる。これを**電磁誘導の法則**といい,起電力 e は次式で表される。

$$e = -N\frac{d\Phi}{dt} \tag{6.29}$$

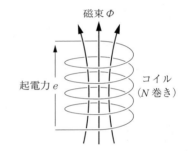

図 6.2　電磁誘導の法則

〔3〕**コイルの電圧**　コイルに電流 i が流れると磁束 Φ が発生し,コイルのインダクタンス L とすると,$N\Phi = Li$ となる。これを式(6.29)へ代入すると,コイルの電圧 $v_L = -e$ は次式で表される。

$$v_L = -e = N\frac{d\Phi}{dt} = L\frac{di}{dt} \tag{6.30}$$

〔4〕**電　界**　電界 E は二点間の電位 V の勾配で,次式で表される。

$$E = -\frac{dV}{dx} \tag{6.31}$$

式(6.31)は,一次元(x 方向)の電界を表しているが,電界は一般に三次元のベクトル量として次式で定義される。

$$\boldsymbol{E} = -\left(\frac{\partial V}{\partial x}\boldsymbol{i} + \frac{\partial V}{\partial y}\boldsymbol{j} + \frac{\partial V}{\partial z}\boldsymbol{k}\right) \tag{6.32}$$

なお，負号（−）が付いているのは，電界の向きを電位の高いほうから低いほうへの向きに定義しているためである。

6.4.2 微分演算子

ベクトル量で表される物理量を扱う場合，三次元の成分についての微分を表すのに，次式のような**微分演算子** $\boldsymbol{\nabla}$ が用いられる。

$$\boldsymbol{\nabla} = \frac{\partial}{\partial x}\boldsymbol{i} + \frac{\partial}{\partial y}\boldsymbol{j} + \frac{\partial}{\partial z}\boldsymbol{k} \tag{6.33}$$

ここで，$\boldsymbol{\nabla}$ は**ナブラ**（nabla）と呼ばれ，スカラー関数やベクトル関数を微分する演算子でベクトルの性質を持ち，スカラーの勾配（gradient）を表すため，grad の表記も用いられる。この微分演算子 $\boldsymbol{\nabla}$ は，以下のように電磁気学などにおける物理量や法則などの定義に用いられるきわめて有用な演算子である。

〔1〕**スカラーの勾配**（grad）　微分演算子 $\boldsymbol{\nabla}$ を用いると，式(6.32)の電界 E は次式で表される。

$$\begin{aligned}\boldsymbol{E} &= -\left(\frac{\partial V}{\partial x}\boldsymbol{i} + \frac{\partial V}{\partial y}\boldsymbol{j} + \frac{\partial V}{\partial z}\boldsymbol{k}\right) = -\left(\frac{\partial}{\partial x}\boldsymbol{i} + \frac{\partial}{\partial y}\boldsymbol{j} + \frac{\partial}{\partial z}\boldsymbol{k}\right)V \\ &= -\boldsymbol{\nabla}V = -\text{grad } V \end{aligned} \tag{6.34}$$

〔2〕**ベクトルの発散**（div）　ベクトル $\boldsymbol{A}$ の**発散**（divergence）は，次式のように $\boldsymbol{\nabla}$ と $\boldsymbol{A}$ のスカラー積

$$\text{div } \boldsymbol{A} = \boldsymbol{\nabla} \cdot \boldsymbol{A} = \frac{\partial A_x}{\partial x} + \frac{\partial A_y}{\partial y} + \frac{\partial A_z}{\partial z} \tag{6.35}$$

で定義され，**図 6.3** のように，物理的にはある点から湧き出してくる $\boldsymbol{A}$ の発散量を表している。

いま，電界 $\boldsymbol{E}$ の発散をとると，次式の**ガウスの法則**（Gauss' law）が成立する。

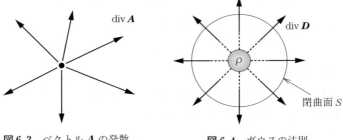

図6.3 ベクトル A の発散　　図6.4 ガウスの法則

$$\text{div}\, E = \nabla \cdot E = \frac{\rho}{\varepsilon_0} \tag{6.36}$$

ここで，ρ は電荷密度，ε_0 は真空の誘電率である。式(6.36)に電束密度 $D = \varepsilon_0 E$ を代入すると，$\text{div}\, D = \rho$ となる。これより，ガウスの法則は，図6.4のように閉曲面 S から発散する電束密度は閉曲面内の電荷密度に等しいことを表している。

一方，磁界 H の場合，磁束密度 $B = \mu_0 H$ の発散は次式のようにつねに0となる。

$$\text{div}\, B = \nabla \cdot B = 0 \tag{6.37}$$

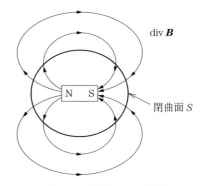

図6.5 磁束密度 B の発散

これは，電気の場合，電荷は単独で存在するが，磁気の場合は，図6.5のようにN極とS極が対となっているため，閉曲面 S からの発散は結果として0となるからである。言い換えれば，磁束線は必ず閉ループを形成し，磁束の湧き出し点は存在しない。

〔3〕 **ベクトルの回転**（rot）　ベクトル A の回転（rotation）は，次式のように ∇ と A のベクトル積で定義される。

$$
\begin{aligned}
\mathrm{rot}\,\boldsymbol{A} &= \boldsymbol{\nabla} \times \boldsymbol{A} \\
&= \left(\frac{\partial}{\partial x}\boldsymbol{i} + \frac{\partial}{\partial y}\boldsymbol{j} + \frac{\partial}{\partial z}\boldsymbol{k}\right) \times (A_x\boldsymbol{i} + A_y\boldsymbol{j} + A_z\boldsymbol{k}) \\
&= \left(\frac{\partial A_z}{\partial y} - \frac{\partial A_y}{\partial z}\right)\boldsymbol{i} + \left(\frac{\partial A_x}{\partial z} - \frac{\partial A_z}{\partial x}\right)\boldsymbol{j} + \left(\frac{\partial A_y}{\partial x} - \frac{\partial A_x}{\partial y}\right)\boldsymbol{k}
\end{aligned}
\tag{6.38}
$$

行列式で表すと,式(4.29)より

$$
\mathrm{rot}\,\boldsymbol{A} = \boldsymbol{\nabla} \times \boldsymbol{A} = \begin{vmatrix} \boldsymbol{i} & \boldsymbol{j} & \boldsymbol{k} \\ \dfrac{\partial}{\partial x} & \dfrac{\partial}{\partial y} & \dfrac{\partial}{\partial z} \\ A_x & A_y & A_z \end{vmatrix}
\tag{6.39}
$$

図 6.6 のように,rot $\boldsymbol{A}$ はベクトル $\boldsymbol{A}$ のうず巻き回転に対して垂直な方向のベクトルで,向きは右ねじの進む方向である。

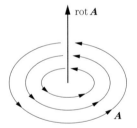
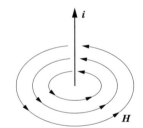

図6.6　ベクトル $\boldsymbol{A}$ の回転　　図6.7　アンペアの右ねじの法則

ここで,磁界 $\boldsymbol{H}$ の回転をとると,次式の関係が成立する。

$$
\mathrm{rot}\,\boldsymbol{H} = \boldsymbol{i}
\tag{6.40}
$$

このときに磁界 $\boldsymbol{H}$ と電流 i の関係は,図 6.7 のようになり,**アンペアの右ねじの法則**として知られている。

このベクトルの回転を用いると,真空中で以下の電磁界の関係式が成立する。

$$
\mathrm{rot}\,\boldsymbol{E} = -\frac{\partial \boldsymbol{B}}{\partial t} = -\mu_0 \frac{\partial \boldsymbol{H}}{\partial t}
\tag{6.41}
$$

$$\text{rot } \boldsymbol{H} = -\frac{\partial \boldsymbol{D}}{\partial t} = -\varepsilon_0 \frac{\partial \boldsymbol{E}}{\partial t} \tag{6.42}$$

ここで，μ_0 は真空の透磁率である。この二つの式は**マクスウェルの電磁界基礎方程式**といい，電磁界の現象を解析する重要な基礎方程式である。

〔4〕 **ラプラス演算子**　式(6.36)に式(6.34)を代入すると次式となる。

$$\text{div } \boldsymbol{E} = -\text{div} \cdot \text{grad } V = -\boldsymbol{\nabla} \cdot \boldsymbol{\nabla} V = \frac{\rho}{\varepsilon_0} \tag{6.43}$$

ここで

$$\boldsymbol{\nabla} \cdot \boldsymbol{\nabla} = \left(\frac{\partial}{\partial x}\boldsymbol{i} + \frac{\partial}{\partial y}\boldsymbol{j} + \frac{\partial}{\partial z}\boldsymbol{k}\right) \cdot \left(\frac{\partial}{\partial x}\boldsymbol{i} + \frac{\partial}{\partial y}\boldsymbol{j} + \frac{\partial}{\partial z}\boldsymbol{k}\right)$$

$$= \frac{\partial^2}{\partial x^2} + \frac{\partial^2}{\partial y^2} + \frac{\partial^2}{\partial z^2} \tag{6.44}$$

より，**ラプラス演算子** $\boldsymbol{\nabla}^2$ を

$$\boldsymbol{\nabla}^2 = \frac{\partial^2}{\partial x^2} + \frac{\partial^2}{\partial y^2} + \frac{\partial^2}{\partial z^2} \tag{6.45}$$

と定義すると，式(6.43)は次式となる。

$$\boldsymbol{\nabla}^2 V = -\frac{\rho}{\varepsilon_0} \tag{6.46}$$

式(6.46)を**ポアソン方程式**（Poisson equation）という。なお，式(6.46)で $\rho = 0$ のとき

$$\boldsymbol{\nabla}^2 V = \boldsymbol{0} \tag{6.47}$$

表6.1　微分演算子に関する演算式

スカラーの勾配	grad V	$\boldsymbol{\nabla} V$	$\frac{\partial V}{\partial x}\boldsymbol{i} + \frac{\partial V}{\partial y}\boldsymbol{j} + \frac{\partial V}{\partial z}\boldsymbol{k}$
ベクトルの発散	div $\boldsymbol{A}$	$\boldsymbol{\nabla} \cdot \boldsymbol{A}$	$\frac{\partial A_x}{\partial x} + \frac{\partial A_y}{\partial y} + \frac{\partial A_z}{\partial z}$
ベクトルの回転	rot $\boldsymbol{A}$	$\boldsymbol{\nabla} \times \boldsymbol{A}$	$\left(\frac{\partial A_z}{\partial y} - \frac{\partial A_y}{\partial z}\right)\boldsymbol{i} + \left(\frac{\partial A_x}{\partial z} - \frac{\partial A_z}{\partial x}\right)\boldsymbol{j} + \left(\frac{\partial A_y}{\partial x} - \frac{\partial A_x}{\partial y}\right)\boldsymbol{k}$
ラプラス演算子	div $\cdot$ grad V	$\boldsymbol{\nabla}^2 V = \boldsymbol{\nabla} \cdot \boldsymbol{\nabla} V$	$\frac{\partial^2 V}{\partial x^2} + \frac{\partial^2 V}{\partial y^2} + \frac{\partial^2 V}{\partial z^2}$

となり，これを**ラプラス方程式**（Laplace equation）という。

なお，**表6.1**は微分演算子∇に関する演算式をまとめたものである。以上，微分演算子∇を用いた物理現象などの例を紹介したが，これらについては電気磁気学の講義で詳しく学習することになる。

6.5 積 分 と は

すでに述べたように，微分は関数$F(x)$の導関数を求めることで，導関数を$f(x)$とすると次式で表される。

$$\frac{dF(x)}{dx} = f(x) \tag{6.48}$$

右辺の導関数$f(x)$からもとの関数$F(x)$を求めることを**積分**するといい，次式のように表記される。

$$F(x) = \int f(x)dx \tag{6.49}$$

つまり，積分は一言でいえば微分の逆である。ところで，定数Cの微分はゼロであるので，$F(x)+C$も式(6.48)を満足する。したがって，$f(x)$の積分は一般に

$$\int f(x)dx = F(x) + C \tag{6.50}$$

となり，Cを**積分定数**という。この積分定数はある条件が与えられないと決まらないので，$\int f(x)dx$を**不定積分**という。例えば，$f(x) = 2x$とすると，その積分は次式となる。

$$\int f(x)dx = \int 2xdx = x^2 + C \tag{6.51}$$

ここで，積分の幾何学的意味について考えてみよう。いま，**図6.8**の曲線$y = f(x)$とx軸の間で，直線$x = a$と$x = b$で囲まれる部分の面積をSとする。つぎに，ab間をn個の区間に分け，図のようにn個の長方形を作るとき，n個の長方形の面積は

$$\sum_{i=1}^{n} f(x_i) \Delta x_i \tag{6.52}$$

となる。ここで，分割数 n を限りなく大きくしていき，$\Delta x_i \to 0$ の極限をとると，式(6.52)の面積は S に等しくなり次式となる。

$$S = \lim_{\Delta x_i \to 0} \sum_{i=1}^{n} f(x_i) \Delta x_i = \int_a^b f(x) dx \tag{6.53}$$

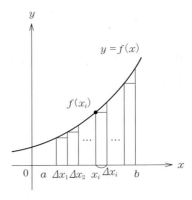

図 6.8 関数の積分

すなわち，積分 $\int_a^b f(x) dx$ は，曲線 $y = f(x)$ と直線 $x = a$ と $x = b$ および x 軸で囲まれる部分の面積 S になる。このように，x のある区間における積分を**定積分**といい，$f(x)$ の不定積分 $F(x)$ を用いて次式で与えられる。

$$\int_a^b f(x) dx = F(b) - F(a) \tag{6.54}$$

このとき，a を積分の下限（下端），b を上限（上端）と呼ぶ。式(6.54)からわかるように，定積分は上限と下限を入れ替えると符号が変わる。すなわち次式となる。

$$\int_b^a f(x) dx = F(a) - F(b) = -\int_a^b f(x) dx \tag{6.55}$$

6.6 不定積分と積分法の定理

すでに説明したように，積分は微分と表裏の関係にある。例えば，$f(x) = x^2/2$ を微分すると次式となる。

$$\frac{d}{dx}\left(\frac{x^2}{2}\right) = x$$

したがって，x の積分は次式となる。

$$\int x dx = \frac{x^2}{2}$$

このように，不定積分は関数の微分を逆に戻すことにより求められる。以下に，おもな不定積分の公式を示す。

6.6.1 不定積分の公式

〔1〕 定数 k の積分

$$\int k dx = kx + C \tag{6.56}$$

1 の積分は $k=1$ とすれば次式となる。

$$\int 1 dx = x + C$$

〔2〕 べき乗の積分

$$\int x^n dx = \frac{1}{n+1} x^{n+1} + C \quad (n \neq -1) \tag{6.57}$$

〔3〕 $1/x$ の積分

$$\int \frac{1}{x} dx = \ln x + C \tag{6.58}$$

〔4〕 指数関数の積分

$$\int e^x dx = e^x + C \tag{6.59}$$

すなわち，指数関数 e^x は微分しても積分しても e^x である。

$$\int e^{mx} dx = \frac{1}{m} e^{mx} + C \qquad (m \neq 0) \tag{6.60}$$

$$\int a^{mx} dx = \frac{1}{m \ln a} a^{mx} + C \qquad (m \neq 0, a \neq 1, a > 0) \tag{6.61}$$

〔5〕 **三角関数の積分**

$$\int \sin x \, dx = -\cos x + C \tag{6.62}$$

$$\int \cos x \, dx = \sin x + C \tag{6.63}$$

6.6.2 不定積分の定理

〔1〕 **関数の和および差の積分**

$$\int \{f(x) \pm g(x)\} dx = \int f(x) dx \pm \int g(x) dx \tag{6.64}$$

〔2〕 **部分積分法**　　関数 $f(x)$ と他の関数の微分 $dg(x)/dx$ の積で表される関数の場合，つぎの公式が成立し，これを**部分積分法**という。

$$\int f(x) \frac{dg(x)}{dx} dx = f(x)g(x) - \int \frac{df(x)}{dx} g(x) dx \tag{6.65}$$

例えば，$y = x \cos x$ の場合，$y = x(\sin x)'$ と表すことができるので

$$\int x \cos x \, dx = \int x(\sin x)' dx = x \sin x - \int (x)' \sin x \, dx$$

$$= x \sin x - \int \sin x \, dx$$

$$\therefore \int x \cos x \, dx = x \sin x + \cos x$$

と求められる。

〔3〕 **置換積分法**　　関数 $f(x)$ において，$x = g(t)$ とおくと，$f(x) = f\{g(t)\}$。これより

$$\frac{dx}{dt} = \frac{dg(t)}{dt} \qquad \therefore \quad dx = \frac{dg(t)}{dt}\,dt \tag{6.66}$$

したがって，次式となり，これを**置換積分法**という．

$$\int f(x)dx = \int f\{g(t)\}\frac{dg(t)}{dt}\,dt \tag{6.67}$$

例えば，$y = \sin^2 x \cos x$ の場合，$\sin x = t$ とおくと，$\cos x\,dx = dt$ となり次式となる．

$$\int \sin^2 x \cos x\,dx = \int t^2 dt = \frac{t^3}{3} = \frac{\sin^3 x}{3}$$

6.7 積分の応用例

6.7.1 交流の平均値と実効値

交流の平均値は瞬時値の絶対値を1周期にわたって平均したもので，正弦波交流電圧 $v(t) = V_m \sin \omega t$ の平均値 V_a は次式で求められる．

$$V_a = \frac{1}{T}\int_0^T |v(t)|dt = \frac{1}{T}\int_0^T |V_m \sin \omega t|dt \tag{6.68}$$

ここで，$\omega t = \theta$ とおくと次式となる．

$$V_a = \frac{1}{2\pi}\int_0^{2\pi}|V_m \sin \theta|d\theta \tag{6.69}$$

ここで，**図6.9**からわかるように，$|\sin\theta|$ の $0 \sim 2\pi$ の積分は $0 \sim \pi/2$ の積分の4倍に等しいため次式となる．

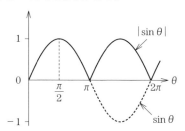

図6.9 $|\sin\theta|$ のグラフ

$$V_a = \frac{V_m}{2\pi} 4\int_0^{\frac{\pi}{2}} \sin\theta \, d\theta = \frac{2V_m}{\pi}[-\cos\theta]_0^{\frac{\pi}{2}} = \frac{2V_m}{\pi}$$

これより，正弦波交流電圧の平均値は振幅 V_m の約 $0.64 (=2/\pi)$ 倍となる。

一方，**実効値**は瞬時値の二乗平均の平方根で，次式で定義される。

$$V_e = \sqrt{\frac{1}{T}\int_0^T v(t)^2 dt} \tag{6.70}$$

したがって，交流電圧 $v(t) = V_m \sin \omega t$ の実効値 V_e は

$$V_e = \sqrt{\frac{1}{T}\int_0^T v(t)^2 dt} = \sqrt{\frac{1}{2\pi}\int_0^{2\pi}(V_m \sin\theta)^2 d\theta} = \sqrt{\frac{V_m^2}{2\pi} 4\int_0^{\frac{\pi}{2}} \sin^2\theta \, d\theta}$$

$$= \sqrt{\frac{2V_m^2}{\pi}\int_0^{\frac{\pi}{2}} \sin^2\theta \, d\theta} = \sqrt{\frac{2V_m^2}{\pi}\int_0^{\frac{\pi}{2}} \frac{1 - \cos 2\theta}{2} d\theta}$$

$$= \sqrt{\frac{2V_m^2}{\pi}\left[\frac{\theta}{2} - \frac{\sin 2\theta}{4}\right]_0^{\frac{\pi}{2}}} = \sqrt{\frac{2V_m^2}{\pi}\frac{\pi}{4}} = \frac{V_m}{\sqrt{2}} \tag{6.71}$$

となり，振幅 V_m の約 $0.71 (=1/\sqrt{2})$ 倍となる。なお，実効値は定義の英語表現の頭文字をとって **rms**（root-mean-square）値ということもある。

なお，通常利用している実効値 $100\,\mathrm{V}$ の交流電圧では

振幅： $V_m = \sqrt{2}\,V_e = 100\sqrt{2}$

$\qquad \approx 141\,\mathrm{V}$

平均値： $V_a = \dfrac{2V_m}{\pi} = \dfrac{2\sqrt{2}}{\pi}100$

$\qquad \approx 90\,\mathrm{V}$

となり，これらの関係は**図 6.10** のようになる。

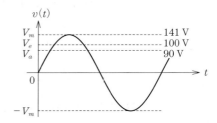

図 6.10 正弦波交流電圧の振幅 V_m，実効値 V_e および平均値 V_a

6.7.2 交流の電力

交流の電力は，瞬時電力 $p(t) = v(t)i(t)$ を平均したもので，次式で定義される。

$$P = \frac{1}{T}\int_0^T v(t)i(t)dt \tag{6.72}$$

ここで，電圧 $v(t)$，電流 $i(t)$ を図 6.11 のように以下で表す。φ は電圧と電流の位相差である。

$$\left.\begin{array}{l} v(t) = V_m \sin \omega t \\ i(t) = I_m \sin(\omega t - \varphi) \end{array}\right\} \tag{6.73}$$

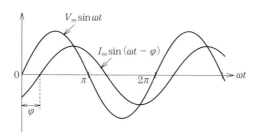

図 6.11 正弦波交流の電圧波形と電流波形

このとき，平均電力 P は

$$P = \frac{1}{T}\int_0^T v(t)i(t)dt = \frac{1}{T}\int_0^T V_m \sin \omega t \cdot I_m \sin(\omega t - \varphi)dt \tag{6.74}$$

となる。式 (6.74) で $\omega t = \theta$ とおくと

$$P = \frac{V_m I_m}{2\pi}\int_0^{2\pi} \sin \theta \sin(\theta - \varphi)d\theta \tag{6.75}$$

一方

$$\begin{aligned}\sin \theta \sin(\theta - \varphi) &= \frac{1}{2}\{\cos \varphi - \cos(2\theta - \varphi)\} \\ &= \frac{1}{2}(\cos \varphi - \cos 2\theta \cos \varphi - \sin 2\theta \sin \varphi) \\ &= \frac{1}{2}[(1 - \cos 2\theta)\cos \varphi - \sin 2\theta \sin \varphi] \end{aligned} \tag{6.76}$$

より

$$\therefore P = \frac{V_m I_m}{2\pi} \int_0^{2\pi} \frac{1}{2}[(1 - \cos 2\theta)\cos \varphi - \sin 2\theta \sin \varphi]d\theta$$

$$= \frac{V_m I_m}{2\pi} \cdot \frac{1}{2}\left[\left(\theta - \frac{\sin 2\theta}{2}\right)\cos \varphi + \frac{\cos 2\theta}{2}\sin \varphi\right]_0^{2\pi}$$

$$= \frac{V_m I_m}{4\pi} \cdot 2\pi \cos \varphi$$

$$= \frac{V_m I_m}{2} \cos \varphi = \frac{V_m}{\sqrt{2}} \frac{I_m}{\sqrt{2}} \cos \varphi = V_e I_e \cos \varphi \tag{6.77}$$

以上より，交流の平均電力は電圧と電流の実効値の積 $V_e I_e$ に両者の位相差の余弦 $\cos \varphi$ を掛けたものとなる。3.4.3項の複素電力で説明したように，この電力は**有効電力**となり，実際に消費される電力となる。また，$\cos \varphi$ は**力率**で消費される電力の割合を示す。

演 習 問 題

【1】以下の関数を微分せよ。

(1) $3x^3 - 2x^2 + 6x + 3$ (2) $\left(\frac{1}{\sqrt{x}} + x\right)^2$ (3) $(4x - 3)^6$

(4) $\sqrt{4x^3 + 2x - 3}$ (5) $\sin^4 x$ (6) $\sqrt{\sin x}$ (7) $\sin x \cos x$

(8) $\sin^5 x \cos 5x$ (9) $\frac{\sin x}{\cos x}$ (10) $\cos^{-1} x$

【2】以下の n 次の導関数を求めよ。

(1) $\frac{d^n(\sin x)}{dx^n}$ (2) $\frac{d^n(e^x \sin x)}{dx^n}$

【3】以下の関数の導関数 dy/dx を求めよ。

(1) $\begin{cases} x = a(\theta - \sin \theta) \\ y = a(1 - \cos \theta) \end{cases}$ (2) $\begin{cases} x = \frac{1}{2}t^2 - t \\ y = t^4 - 2t^2 \end{cases}$

【4】以下の関数の偏導関数を求めよ。

(1) $u = 2x + 3y + x^2 + 3xy + 4y^2$ (2) $u = e^{2x} \cos 3y$

(3) $u = x \ln \frac{y}{x}$

【5】$u = (x - y)(y - z)(z - x)$ のとき，$\partial u/\partial x + \partial u/\partial y + \partial u/\partial z$ を求めよ。

演　習　問　題　　105

【6】以下の問いに答えよ．
(1) 糸の長さ l の単振り子の周期 T は，重力加速度を g とすると $T = 2\pi\sqrt{l/g}$ で与えられる．このとき，l, g の変化率と T の変化率の関係を求めよ．また，l, g の変化率がそれぞれ 4 % と 2 % のとき T の変化率を求めよ．
(2) 銅線の直径 D，長さ l，抵抗 R とすると，銅線の比抵抗 $\rho = \pi D^2 R/4l$ となる．D, l, R の変化率がすべて 1 % のとき，ρ の変化率を求めよ．

【7】以下の関数を積分せよ．
(1) $4x^3 + 12x - 3$　　(2) $\sqrt{x} + 2$　　(3) $e^{2x} + e^{-4x} - e^{-x}$
(4) a^{4x}　　(5) $\cos^2 x$　　(6) $\cos 3x \sin 2x$

【8】以下の関数を積分せよ．
(1) $(4x - 3)^5$　　(2) $\sin^4 x \cos x$　　(3) $\cos^2 x \sin^3 x$　　(4) $x \sin x$
(5) $\ln x$　　(6) $e^x \sin x$　　(7) $e^{-x} \cos x$　　(8) $e^{ax} \sin \omega x$

【9】以下の定積分を求めよ．
(1) $\int_0^2 (x^3 - 3x^2 + 2x)dx$　　(2) $\int_0^R 4\pi r^2 dr$　　(3) $\int_0^{\frac{\pi}{2}} \sin^2 x \cos x \, dx$

【10】以下の問いに答えよ．
(1) 放物線 $y = 6x - x^2$ と x 軸で囲まれた面積を求めよ．
(2) 楕円 $\dfrac{x^2}{a^2} + \dfrac{y^2}{b^2} = 1 \, (a > 0, b > 0)$ で囲まれた面積を求めよ．

【11】図 6.12 のように，z 軸上の導線 AB に A から B へ電流 I が流れている．このとき，図の点 P（銅線からの距離 R）で生ずる磁界を求めよ．ただし，線状電流 I の微小部分 $d\boldsymbol{z}$ が距離 r の点に生ずる磁界 $d\boldsymbol{H}$ は次式（ビオ・サバールの法則）で与えられる．

$$d\boldsymbol{H} = \frac{I}{4\pi} \frac{d\boldsymbol{z} \times \boldsymbol{r}}{r^3}$$

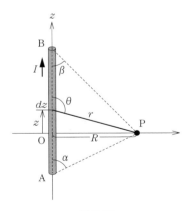

図 6.12

7 関数の展開と近似計算

　電気電子工学の分野では,諸現象を表す物理式にさまざまな関数が用いられるが,この関数をべき級数の形に展開することにより数値計算や近似計算が可能になり,場合によっては現象の理解の手助けとなる。本章では,関数展開の基本公式(テイラー展開とマクローリン展開),各種関数のマクローリン展開および近似式による近似計算について説明する。

7.1 関数展開の基本公式

関数 $f(x)$ を次式のようなべき級数の形で表すことを関数の展開という。

$$f(x) = a_0 + a_1 x + a_2 x^2 + \cdots + a_n x^n + \cdots = \sum_{n=0}^{\infty} a_n x^n \tag{7.1}$$

関数の展開には,**テイラー展開**(Taylor expansion)と**マクローリン展開**(Maclaurin expansion)が利用される。

〔1〕 **テイラー展開**　　関数 $f(x)$ のテイラー展開は次式で与えられる。

$$\begin{aligned} f(x) &= f(a) + \frac{(x-a)}{1!} f'(a) + \frac{(x-a)^2}{2!} f''(a) + \cdots \\ &\quad + \frac{(x-a)^n}{n!} f^{(n)}(a) + \cdots \\ &= \sum_{n=0}^{\infty} \frac{(x-a)^n}{n!} f^{(n)}(a) \end{aligned} \tag{7.2}$$

〔2〕 **マクローリン展開**　　マクローリン展開は次式で与えられる。

$$f(x) = f(0) + \frac{x}{1!}f'(0) + \frac{x^2}{2!}f''(0) + \cdots + \frac{x^n}{n!}f^{(n)}(0) + \cdots$$
$$= \sum_{n=0}^{\infty} \frac{x^n}{n!} f^{(n)}(0) \tag{7.3}$$

これはテイラー展開で $a = 0$ とおいたものに等しい。なお，これらの式で，$f^{(n)}(x)$ は関数 $f(x)$ の n 次の導関数である。

7.2 関数の展開式

ここでは，いくつかの代表的な関数のマクローリン展開を求めてみよう。

7.2.1 指数関数：$f(x) = e^x$

まず，$f(0) = 1$。つぎに，導関数は

$$f'(x) = e^x, \quad f''(x) = e^x, \quad \cdots, \quad f^{(n)}(x) = e^x, \quad \cdots$$

となり，$x = 0$ を代入すると

$$\therefore \quad f'(0) = 1, \quad f''(0) = 1, \quad \cdots, \quad f^{(n)}(0) = 1, \quad \cdots$$

以上の値を式(7.3)に代入すれば，次式のように展開できる。

$$e^x = 1 + x + \frac{x^2}{2!} + \cdots + \frac{x^n}{n!} + \cdots = \sum_{n=0}^{\infty} \frac{x^n}{n!} \tag{7.4}$$

7.2.2 対数関数：$f(x) = \ln(1+x)$

まず，$f(0) = \ln(1) = 0$。つぎに，導関数は

$$f'(x) = \frac{1}{1+x}, \quad f''(x) = -\frac{1}{(1+x)^2}, \quad \cdots,$$

$$f^{(n)}(x) = (-1)^{n-1} \frac{(n-1)!}{(1+x)^n}, \quad \cdots$$

となり，$x = 0$ を代入すると

∴ $f'(0) = 1, \quad f''(0) = -1, \quad \cdots,$

$f^{(n)}(0) = (-1)^{n-1}(n-1)!, \quad \cdots$

以上の値を式(7.3)に代入すれば次式で表される。

$$\ln(1+x) = x - \frac{x^2}{2} + \frac{x^3}{3} - \cdots + (-1)^{n-1}\frac{x^n}{n} + \cdots$$
$$= \sum_{n=1}^{\infty} (-1)^{n-1}\frac{x^n}{n} \tag{7.5}$$

ただし,この展開式が成立するのは $-1 < x \leqq 1$ のときである。

7.2.3 三角関数:$f(x) = \sin x$

まず,$f(0) = \sin 0 = 0$。つぎに,導関数は以下のようになる。

$f'(x) = \cos x, \quad f''(x) = -\sin x, \quad \cdots,$

$f^{(n)}(x) = \sin\left(x + \frac{n\pi}{2}\right), \quad \cdots$

ここで,$x=0$ を代入すると微分係数は $f^{(n)}(0) = \sin\left(\frac{n\pi}{2}\right)$ となり,$\sin\left(\frac{n\pi}{2}\right)$ は n が偶数のとき 0 で,n が奇数のとき

$n = 2m - 1 \quad (m = 1, 2, \cdots)$

とおくと,次式の値となる。

$\sin\frac{n\pi}{2} = \sin\frac{(2m-1)\pi}{2} = (-1)^{m-1}$

以上の値を式(7.3)に代入すれば次式で表される。

$$\sin x = x - \frac{x^3}{3!} + \frac{x^5}{5!} - \cdots + (-1)^{m-1}\frac{x^{2m-1}}{(2m-1)!} + \cdots$$
$$= \sum_{m=1}^{\infty} (-1)^{m-1}\frac{x^{2m-1}}{(2m-1)!} \tag{7.6}$$

なお,右辺のべき級数が奇数次の項からなるのは,$\sin x$ が奇関数のためである。

同様にして，$f(x) = \cos x$ を展開すると，$f(0) = \cos 0 = 1$ となり，微分係数は $f^{(n)}(0) = \cos \dfrac{n\pi}{2}$ となり，$\cos \dfrac{n\pi}{2}$ は n が奇数のとき 0 で，n が偶数のとき

$$n = 2m \qquad (m = 0, 1, 2, \cdots)$$

とおくと，次式の値となる。

$$\cos \frac{n\pi}{2} = \cos \frac{2m\pi}{2} = \cos m\pi = (-1)^m$$

以上の値を式(7.3)に代入すれば

$$\cos x = 1 - \frac{x^2}{2!} + \frac{x^4}{4!} - \cdots + (-1)^m \frac{x^{2m}}{2m!} + \cdots$$
$$= \sum_{m=0}^{\infty} (-1)^m \frac{x^{2m}}{2m!} \tag{7.7}$$

となり，$\cos x$ は x の偶関数のため偶数次のべき級数で展開される。

ところで，図7.1 は $\sin x$ のマクローリン展開式(7.6)を $m = 1 \sim 9$ までの場合について数値計算し，$\sin x$ のグラフと比較したものである。次数 m が増えるにしたがって，展開式が近似できる x の範囲が大きくなり，$m = 9$ の場合は $|x| \leq 2\pi$ の範囲で $\sin x$ のグラフとほぼ同じになることがわかる。

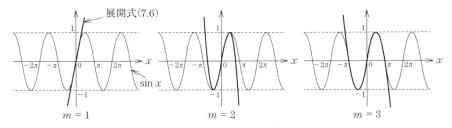

図7.1 マクローリン展開による $\sin x$ のグラフ

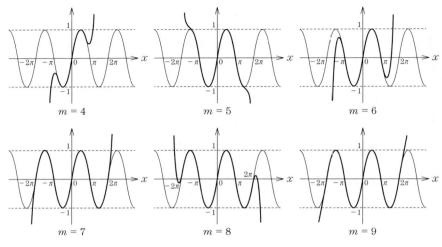

図7.1 (つづき)

7.2.4 オイラーの公式

指数関数のマクローリン展開式(7.4)

$$e^x = 1 + x + \frac{x^2}{2!} + \cdots + \frac{x^n}{n!} + \cdots = \sum_{n=0}^{\infty} \frac{x^n}{n!}$$

において,$x = j\theta$ を代入すると

$$\begin{aligned}
e^{j\theta} &= 1 + j\theta + \frac{(j\theta)^2}{2!} + \frac{(j\theta)^3}{3!} + \frac{(j\theta)^4}{4!} + \frac{(j\theta)^5}{5!} + \cdots + \frac{(j\theta)^n}{n!} + \cdots \\
&= 1 + j\theta - \frac{\theta^2}{2!} - j\frac{\theta^3}{3!} + \frac{\theta^4}{4!} + j\frac{\theta^5}{5!} - \frac{\theta^6}{6!} - j\frac{\theta^7}{7!} + \cdots
\end{aligned} \tag{7.8}$$

式(7.8)を実部と虚部に分けて整理すると次式となる。

$$e^{j\theta} = 1 - \frac{\theta^2}{2!} + \frac{\theta^4}{4!} - \frac{\theta^6}{6!} + \cdots + j\left(\theta - \frac{\theta^3}{3!} + \frac{\theta^5}{5!} - \frac{\theta^7}{7!} + \cdots\right) \tag{7.9}$$

ここで,式(7.7)より

$$\cos\theta = 1 - \frac{\theta^2}{2!} + \frac{\theta^4}{4!} - \frac{\theta^6}{6!} + \cdots \tag{7.10}$$

また,式(7.6)より

$$\sin\theta = \theta - \frac{\theta^3}{3!} + \frac{\theta^5}{5!} - \frac{\theta^7}{7!} + \cdots \tag{7.11}$$

式(7.10)と式(7.11)を式(7.9)に代入すると次式が得られ,これを**オイラーの公式**という。

$$e^{j\theta} = \cos\theta + j\sin\theta \tag{7.12}$$

7.2.5 二項定理

関数 $f(x) = (1+x)^m$ は,任意の実数 m に対して,$|x| < 1$ とすると

$$\begin{aligned}(1+x)^m = {} & 1 + mx + \frac{m(m-1)}{2!}x^2 + \cdots \\ & + \frac{m(m-1)\cdots(m-n+1)}{n!}x^n + \cdots\end{aligned} \tag{7.13}$$

と展開でき,これを**二項定理**という。

ここで,$m = -1$ とすると,$f(x) = 1/(1+x)$ となり,二項定理より

$$\frac{1}{1+x} = 1 - x + x^2 - \cdots + (-1)^n x^n + \cdots \tag{7.14}$$

また,$m = 1/2$ のとき,$f(x) = \sqrt{1+x}$ となり

$$\begin{aligned}\sqrt{1+x} = {} & 1 + \frac{1}{2}x - \frac{1}{2}\cdot\frac{x^2}{4} + \frac{1}{2}\cdot\frac{3}{4}\cdot\frac{x^3}{6} - \cdots \\ & + (-1)^n \frac{1\cdot 3\cdots 2n-3}{2\cdot 4\cdot 6\cdots 2(n-1)}\frac{x^n}{2n} + \cdots \\ = {} & 1 + \frac{1}{2}x - \frac{1}{8}x^2 + \frac{1}{16}x^3 - \cdots \\ & + (-1)^n \frac{1\cdot 3\cdots 2n-3}{2\cdot 4\cdot 6\cdots 2(n-1)}\frac{x^n}{2n} + \cdots\end{aligned} \tag{7.15}$$

7.3 近似式と近似計算

関数のべき級数展開式を用いることにより，ある条件のもとで，その関数の近似式や近似値が得られる。

7.3.1 近似式

$|x|$ がきわめて小さいとき，マクローリン展開を用いると

$$f(x) \fallingdotseq f(0) + \frac{x}{1!} f'(0) + \frac{x^2}{2!} f''(0) + \cdots + \frac{x^n}{n!} f^{(n)}(0) \qquad (7.16)$$

と近似でき，これを **n 次の近似式**という。このときの誤差を E とすると次式となる。

$$E = \frac{x^{n+1}}{(n+1)!} f^{(n+1)}(\theta x) \qquad (0 < \theta < 1) \qquad (7.17)$$

例えば，$f(x) = \sqrt{1+x}$ の近似式を求めてみよう。式(7.15)より

$$\sqrt{1+x} = 1 + \frac{1}{2} x - \frac{1}{8} x^2 + \frac{1}{16} x^3 - \cdots$$

となる。ここで，$x > 0$ のとき，x の一次の項までとると

$$\sqrt{1+x} \fallingdotseq 1 + \frac{1}{2} x \qquad （一次の近似式） \qquad (7.18)$$

となり，誤差は $|E| < \dfrac{1}{8} x^2$ となる。x の二次の項までとると

$$\sqrt{1+x} \fallingdotseq 1 + \frac{1}{2} x - \frac{1}{8} x^2 \qquad （二次の近似式） \qquad (7.19)$$

となり，このときの誤差は $|E| < \dfrac{1}{16} x^3$ となる。

また，対数関数 $f(x) = \ln(1+x)$ の近似式を求めると，式(7.5)より

$$\ln(1+x) \fallingdotseq x - \frac{x^2}{2} + \frac{x^3}{3} - \cdots + (-1)^{n-1} \frac{x^n}{n} \qquad (7.20)$$

となり，誤差 E は $x > 0$ に対して，$|E| < \dfrac{x^{n+1}}{n+1}$ となる。

7.3.2 近似計算

関数の近似式を用いることにより，ある条件のもとで，その関数の近似値が計算できる．

例えば，$\sqrt{1.1}$ の近似値を二次の近似式(7.19)を用いて計算すると

$$\sqrt{1.1} = \sqrt{1+0.1} \fallingdotseq 1 + \frac{1}{2}\cdot 0.1 - \frac{1}{8}(0.1)^2$$
$$= 1 + 0.05 - 0.00125 = 1.04875 \qquad (7.21)$$

となる．一方，$\sqrt{1.1}$ の正しい値は

$$\sqrt{1.1} = 1.0488088\cdots$$

であり，式(7.21)で得られた近似値の誤差は，$E = 0.0000588$ となる．ここで

$$\frac{1}{16}x^3 = \frac{0.1^3}{16} = 0.0000625$$

となり，誤差 E は，$E = 0.0000588 < 0.0000625$ を満足している．

つぎに，指数関数の展開式

$$e^x = 1 + x + \frac{x^2}{2!} + \cdots + \frac{x^n}{n!} + \cdots = \sum_{n=0}^{\infty}\frac{x^n}{n!}$$

において，$x = 1$ とおくと

$$e = 1 + 1 + \frac{1}{2!} + \frac{1}{3!} + \cdots + \frac{1}{n!} + \cdots = \sum_{n=0}^{\infty}\frac{1}{n!} \qquad (7.22)$$

となり，自然対数の底 e は式(7.22)から計算できる．ちなみに

$n = 0 \quad 1/(0\,!\,) = 1$

$\quad\ \ 1 \quad 1/(1\,!\,) = 1$

$\quad\ \ 2 \quad 1/(2\,!\,) = 0.5$

$\quad\ \ 3 \quad 1/(3\,!\,) = 0.166666\cdots$

$\quad\ \ 4 \quad 1/(4\,!\,) = 0.041666\cdots$

$\quad\ \ 5 \quad 1/(5\,!\,) = 0.008333\cdots$

$\quad\ \ 6 \quad 1/(6\,!\,) = 0.001388\cdots$

$\quad\ \ \cdots \quad \cdots$

ここで、$n=6$、すなわち第7項までの和をとると

$$e \fallingdotseq 1 + 1 + 0.5 + 0.166\,666\cdots + 0.041\,666\cdots + 0.008\,333\cdots$$
$$+ 0.001\,388\cdots$$
$$\fallingdotseq 2.718\,055\cdots$$

となり、底 e の値は小数点以下三桁までは正しい値が得られる。

演 習 問 題

【1】以下の関数をマクローリン展開せよ。

(1) $\dfrac{1}{1-x}$　　(2) $\dfrac{1}{1-x^2}$　　(3) $\dfrac{1}{1-3x+2x^2}$　　(4) $\dfrac{1}{\sqrt{1+x}}$

(5) $e^x \sin x$

【2】以下の近似式を導け。

(1) $\sin^2 x \fallingdotseq x^2 - \dfrac{1}{3}x^4 + \dfrac{2}{45}x^6$　　(2) $\sqrt{1+x+x^2} \fallingdotseq 1 + \dfrac{1}{2}x + \dfrac{3}{8}x^2$

(3) $e^x \cos x \fallingdotseq 1 + x - \dfrac{x^3}{3}$

【3】以下の問いに答えよ。

(1) $\sqrt{1-x}$ の二次の近似式を用いて $\sqrt{0.9}$ と $\sqrt{24}$ の近似値を求めよ。

(2) $\sqrt[3]{1+x}$ の二次の近似式を用いて $\sqrt[3]{1.1}$ と $\sqrt[3]{30}$ の近似値を求めよ。

8 微分方程式

　微分方程式は電気回路の過渡現象や制御システムの解析，さらには指示計器の可動部の回転運動などの機械的な振動の解析にも利用され，きわめて重要な数学ツールの一つである。本章では，電気電子工学でよく用いられる1階と2階の定数係数の微分方程式の解法について説明した後，電気回路の過渡現象の解析への応用例について説明する。また，2階の微分方程式の応用例として，機械系の振動および回転運動の解析についても説明する。

8.1　微分方程式とは

　y は変数 x の関数であり，その導関数を $dy/dx, d^2y/dx^2, \cdots$ とするとき，x, y およびその導関数からなる方程式

$$F(x, y, dy/dx, d^2y/dx^2, \cdots) = 0 \tag{8.1}$$

を**微分方程式**といい，方程式に含まれる導関数の最高の次数を微分方程式の**階数**という。微分方程式の一例を示すと

$$\frac{dy}{dx} - 2x = 0 \tag{8.2}$$

$$\frac{d^2y}{dx^2} + 2\frac{dy}{dx} + 5 = 0 \tag{8.3}$$

となり，式(8.2)は1階の微分方程式，式(8.3)は2階の微分方程式である。微分方程式を満足する関数 y を求めることを，**微分方程式を解く**という。

8.2 微分方程式の解法

微分方程式には，式の形に応じていろいろな解き方がある。ここでは，電気電子工学の分野でよく登場する1階と2階の微分方程式の解き方とその応用例について説明する。

8.2.1 1階線形微分方程式

1階の線形微分方程式は，一次の導関数 dy/dx を含む方程式で，一般に次式のような形となる。

$$\frac{dy}{dx} + Py = Q \tag{8.4}$$

ここで，P と Q は x の関数あるいは定数である。それでは，実際に式(8.4)を解いてみよう。

〔1〕 **変数分離法**　　式(8.4)で $P=0$ あるいは $Q=0$ の場合，以下のようにして解が求められる。

まず，$P=0$ の場合

$$\frac{dy}{dx} = Q \tag{8.5}$$

となり，式(8.5)を $dy = Qdx$ と変形すれば

$$\int dy = \int Q\,dx$$

$$\therefore \quad y = \int Q\,dx + C \tag{8.6}$$

つぎに，$Q=0$ の場合，式(8.4)は

$$\frac{dy}{dx} = -Py \tag{8.7}$$

となり，変形すると

$$\frac{dy}{y} = -P dx, \quad \int \frac{1}{y} dy = -\int P\,dx, \quad \ln y = -\int P\,dx + C$$

$$\therefore \quad y = e^{-\int P dx + C}$$

ここで，$e^C = A$ とすると

$$y = Ae^{-\int P dx} \tag{8.8}$$

以上のように，y の項と x の項が左辺と右辺に分離できる場合は，両辺をそれぞれ積分することにより，一般解を求めることができる。このような解法を**変数分離法**という。8.1 節で微分方程式の例として示した式(8.2)

$$\frac{dy}{dx} - 2x = 0$$

は，この変数分離法が適用できる場合で，式を整理して

$$\frac{dy}{dx} = 2x$$

これを $dy = 2xdx$ と変形して以下のように求められる。

$$\int dy = \int 2x \, dx \qquad \therefore \quad y = x^2 + C \tag{8.9}$$

〔2〕**一般解法**　式(8.4)で P と Q が 0 でない場合は，一般に変数分離法が適用できない。この場合，以下のようにして解が求められる。

まず，$Q = 0$ のときの解 $e^{-\int P dx}$ を用いて

$$y = e^{-\int P dx} u \tag{8.10}$$

とおく。ここで，u は x の関数である。式(8.10)を x で微分すると

$$\frac{dy}{dx} = e^{-\int P dx} \frac{du}{dx} + (-P)e^{-\int P dx} u \tag{8.11}$$

式(8.10)と式(8.11)を，微分方程式(8.4)へ代入すると

$$e^{-\int P dx} \frac{du}{dx} - Pe^{-\int P dx} u + Pe^{-\int P dx} u = Q \tag{8.12}$$

$$\therefore \quad e^{-\int P dx} \frac{du}{dx} = Q \tag{8.13}$$

これより

$$\frac{du}{dx} = Qe^{\int P dx}$$

$$\therefore \quad u = \int Qe^{\int Pdx}dx + C \tag{8.14}$$

この式を式(8.10)へ代入することにより

$$\therefore \quad y = e^{-\int Pdx}\left\{\int Qe^{\int Pdx}dx + C\right\} \tag{8.15}$$

と求められる。式(8.15)で，$P=0$ とすれば変数分離法で得られた式(8.6)となり，また $Q=0$ とすれば式(8.8)と同じになる。

また，式(8.15)で P と Q が定数のとき，$\int Pdx = Px$ より

$$y = Ae^{-Px} + \frac{Q}{P} \tag{8.16}$$

となる。

以上の結果をまとめると，1階の線形微分方程式 $dy/dx + Py = Q$ の解は，**表8.1** のようになる。

表8.1 1階の線形微分方程式とその解

微分方程式の型	微分方程式の解	
$\dfrac{dy}{dx} + P(x)y = Q(x)$	$y = e^{-\int P(x)dx}\left\{\int Qe^{\int P(x)dx}dx + C\right\}$	(8.15)
$\dfrac{dy}{dx} + P(x)y = 0$	$y = Ae^{-\int P(x)dx}$	(8.8)
$\dfrac{dy}{dx} = Q(x)$	$y = \int Q(x)dx + C$	(8.6)
$\dfrac{dy}{dx} + Py = Q$ （P,Q は定数）	$y = Ae^{-Px} + \dfrac{Q}{P}$	(8.16)

8.2.2　1階線形微分方程式の応用例

図8.1 のような抵抗 R とコンデンサ C の直列回路に，直流電圧 E を加えてコンデンサを充電する。このときのコンデンサの電荷 q の時間変化を求めてみよう。ただし，$R = 2\,\Omega$，$C = 0.2\,\mathrm{F}$，E

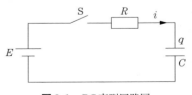

図8.1　RC 直列回路図

$= 10\,\mathrm{V}$ で,充電前のコンデンサの電荷は 0 である。

回路を流れる電流を i とすると,抵抗 R の電圧 v_R とキャパシタンス C のコンデンサの電圧 v_C は,それぞれ以下の式で表される。

$$v_R = Ri \tag{8.17}$$

$$v_C = \frac{q}{C} \tag{8.18}$$

キルヒホッフの電圧則 ($v_R + v_C = E$) より,回路方程式は次式となる。

$$Ri + \frac{q}{C} = E \tag{8.19}$$

式 (8.19) で, $i = dq/dt$ の関係を用いると

$$R\frac{dq}{dt} + \frac{1}{C}q = E \tag{8.20}$$

となり,回路方程式は 1 階の線形微分方程式で表される。ここで,式 (8.20) を次式のように変形する。

$$\frac{dq}{dt} + \frac{1}{CR}q = \frac{E}{R} \tag{8.21}$$

そして, $q = y$, $t = x$, $1/CR = P$, $E/R = Q$ と置き換えれば,式 (8.20) は定数係数の微分方程式となるため,解は表 8.1 の式 (8.16) となる。したがって,電荷 q は次式で表される。

$$q(t) = Ae^{-\frac{1}{CR}t} + CE \tag{8.22}$$

ここで,この電荷 q の解について考えてみよう。いま

$$q_t = Ae^{-\frac{1}{CR}t} \tag{8.23}$$

$$q_s = CE \tag{8.24}$$

とおくと

$$q = q_t + q_s \tag{8.25}$$

式 (8.25) を式 (8.20) へ代入すると

$$R\frac{d(q_t + q_s)}{dt} + \frac{1}{C}(q_t + q_s) = E \tag{8.26}$$

q_t と q_s について整理すると

$$\left(R\frac{dq_t}{dt} + \frac{1}{C}q_t\right) + \left(R\frac{dq_s}{dt} + \frac{1}{C}q_s\right) = E \tag{8.27}$$

ここで，$q_s = CE$ より，式(8.27)は以下のように表される．

$$R\frac{dq_t}{dt} + \frac{1}{C}q_t = 0 \tag{8.28}$$

$$R\frac{dq_s}{dt} + \frac{1}{C}q_s = E \tag{8.29}$$

これより，q_t は式(8.20)の右辺 $= 0$ としたときの一般解で，q_s は式(8.20)の特殊解であることがわかる．電気回路では，この特殊解 q_s を**定常解**と呼び，回路が**定常状態**（steady state）になったときの解となる．これに対して，一般解 q_t は，回路が定常状態になるまでの**過渡状態**（transient state）を表すことから，**過渡解**と呼ばれる．

ところで，電荷 q の最終解を得るには，式(8.22)の積分定数 A を決定しなければならない．充電前のコンデンサの電荷は 0 であるから

$$t = 0 \text{ で } q = 0 \tag{8.30}$$

この条件を式(8.22)へ代入すると

$$0 = A + CE \qquad \therefore \quad A = -CE \tag{8.31}$$

したがって，電荷 q の最終解は次式となる．

$$q(t) = CE\left(1 - e^{-\frac{1}{CR}t}\right) \tag{8.32}$$

ここで，CR は時間の次元を持つため回路の**時定数**と呼ばれる．式(8.32)からわかるように，過渡解は CR 時間ごとに $1/e$ に減少し，時間 $5CR$ では $q = CE(1 - e^{-5}) = 0.993CE$ となり，定常状態の 99.3% 以上に達するので，実用上は時定数の 5 倍以上の時間が経過すれば定常状態と考えて差し支えない．

図 8.2 は，式(8.32)に $E = 10\,\text{V}$，$R = 2\,\Omega$，$C = 0.2\,\text{F}$ を代入して計算

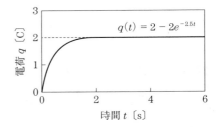

図 8.2 電荷 q の時間変化

した電荷 q の時間変化の様子である。電荷 q は時間とともに指数関数的に上昇し，回路の時定数 $CR = 0.4$ 秒の 5 倍の 2 秒あたりからほぼ定常値（2 C）となることがわかる。

8.2.3　2 階線形微分方程式

2 階の線形微分方程式は，二次の導関数 d^2y/dx^2 を含む方程式で，一般に次式の形となる。

$$a\frac{d^2y}{dx^2} + b\frac{dy}{dx} + cy = f \tag{8.33}$$

ここで，a，b，c および f は x の関数あるいは定数である。式 (8.33) の右辺 $f = 0$ として得られる次式を式 (8.33) の**補助方程式**という。

$$a\frac{d^2y}{dx^2} + b\frac{dy}{dx} + cy = 0 \tag{8.34}$$

補助方程式 (8.34) の一般解を y_t，式 (8.33) を満足する特殊解を y_s とすると，2 階の線形微分方程式 (8.33) の一般解 y は

$$y = y_t + y_s \tag{8.35}$$

で与えられる。したがって，2 階の線形微分方程式を解くには，まず補助方程式の一般解を求めることが必要となる。補助方程式の一般的な解法はないが，式 (8.34) で a，b，c が定数の場合は以下の方法で一般解を求めることができる。

まず

$$y_t = Ae^{mx} \tag{8.36}$$

とおくと

$$\frac{dy_t}{dx} = Ame^{mx}, \quad \frac{d^2y_t}{dx^2} = Am^2e^{mx} \tag{8.37}$$

となり，これらを式 (8.34) へ代入すると次式となる。

$$aAm^2e^{mx} + bAme^{mx} + cAe^{mx} = (am^2 + bm + c)Ae^{mx} = 0 \tag{8.38}$$

ここで，$Ae^{mx} \neq 0$ より次式が得られる。

$$am^2 + bm + c = 0 \tag{8.39}$$

式(8.39)は**特性方程式**と呼ばれ，この方程式を満足する m を求めて式(8.36)へ代入すれば，補助方程式の一般解が得られる。

ところで，この特性方程式の解

$$m = \frac{-b \pm \sqrt{b^2 - 4ac}}{2a} \tag{8.40}$$

は，判別式 $D = b^2 - 4ac$ の値によって三種類の解を持つため，それに対応して一般解も以下の三つの形をとる。

---
① 二つの実数解 (m_1, m_2) の場合 $(D > 0)$
$$y_t = A_1 e^{m_1 x} + A_2 e^{m_2 x} \tag{8.41}$$
② 一つの実数解 $(m_1 = m_2 = m)$ の場合 $(D = 0)$
$$y_t = (A_1 + A_2 x) e^{mx} \tag{8.42}$$
③ 虚数解 $(m = \alpha \pm j\beta)$ の場合 $(D < 0)$
$$y_t = (A_1 \cos \beta x + A_2 \sin \beta x) e^{\alpha x} \tag{8.43}$$

以上三つの場合に相当する微分方程式の例を以下に示す。

① $2\dfrac{d^2 y}{dx^2} + 5\dfrac{dy}{dx} - 3y = 0$

①の特性方程式は，$2m^2 + 5m - 3 = 0$ となり，解は $m = 1/2, -3$ となる。ゆえに，式(8.41)より次式となる。

$$y = A_1 e^{\frac{1}{2}x} + A_2 e^{-3x}$$

② $\dfrac{d^2 y}{dx^2} + 6\dfrac{dy}{dx} + 9y = 0$

②の特性方程式は，$m^2 + 6m + 9 = 0$ となり，解は $m = -3$（重複解）となる。ゆえに，式(8.42)より次式となる。

$$y = (A_1 + A_2 x) e^{-3x}$$

③ $\dfrac{d^2 y}{dx^2} + 2\dfrac{dy}{dx} + 5y = 0$

③の特性方程式は，$m^2 + 2m + 5 = 0$ となり，解は $m = -1 \pm j2$（虚数

解) となる。ゆえに，式(8.43)より次式となる。

$$y = (A_1 \cos 2x + A_2 \sin 2x)e^{-x}$$

8.2.4　2階線形微分方程式の応用例

2階の微分方程式は，電気電子工学だけでなく，工学の多くの分野でさまざまな物理現象などの解析に利用されている。ここでは一例として，電気回路と機械系振動現象の解析への応用を取り上げる。

〔1〕**電 気 回 路**　図8.3の RLC 直列回路に，直流電圧 E を加えたときのコンデンサ C の電荷 q の時間変化を求めてみよう。ただし，抵抗 $R = 2\,\Omega$，$L = 1\,\mathrm{H}$，$C = 0.2\,\mathrm{F}$，$E = 10\,\mathrm{V}$ で，コンデンサの初期電荷は0である。

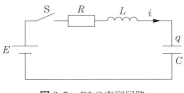

図 8.3　RLC 直列回路

この回路は前述の RC 直列回路と同じく，コンデンサの充電回路であるが，コイル L が接続されたことにより，充電の様子が異なる。

コイルの電圧 v_L は次式で表される。

$$v_L = L\frac{di}{dt} = L\frac{d^2q}{dt^2} \tag{8.44}$$

$v_L + v_R + v_C = E$ より，回路方程式は

$$L\frac{d^2q}{dt^2} + R\frac{dq}{dt} + \frac{1}{C}q = E \tag{8.45}$$

となり，2階の線形微分方程式で表される。したがって，一般解 q は，定常解を q_s，過渡解を q_t とすれば

$$q = q_t + q_s \tag{8.46}$$

で与えられる。定常解 q_s は式(8.45)を満足する特殊解で次式が求められる。

$$q_s = CE \tag{8.47}$$

この解は充電が完了して定常状態になったときのコンデンサ C に蓄積された電荷に相当する。

8. 微分方程式

つぎに,過渡解 q_t は式(8.45)で,$E=0$ として得られる補助方程式の解である。

$$L \frac{d^2 q_t}{dt^2} + R \frac{dq_t}{dt} + \frac{1}{C} q_t = 0 \tag{8.48}$$

ここで,$L=1\,\mathrm{H}$,$R=2\,\Omega$,$C=0.2\,\mathrm{F}$ を代入すると

$$\frac{d^2 q_t}{dt^2} + 2 \frac{dq_t}{dt} + 5 q_t = 0 \tag{8.49}$$

となる。式(8.49)の特性方程式は

$m^2 + 2m + 5 = 0$

$\therefore \quad m = -1 \pm j2 \quad$ (虚数解)

したがって,式(8.43)より q_t は次式で与えられる。

$$q_t = (A_1 \cos 2t + A_2 \sin 2t) e^{-t} \tag{8.50}$$

一方

$$q_s = CE = 0.2 \times 10 = 2 \tag{8.51}$$

したがって,電荷 q の一般解は次式となる。

$$q(t) = q_t + q_s = (A_1 \cos 2t + A_2 \sin 2t) e^{-t} + 2 \tag{8.52}$$

つぎに,電荷 q の最終解を得るために積分定数 A_1 と A_2 を決定する。コンデンサの電荷は 0 であるから,この回路の初期条件は次式となる。

$$t = 0 \text{ で } q = 0, \quad i = \frac{dq}{dt} = 0 \tag{8.53}$$

この条件を式(8.52)へ適用すれば以下のように求まる。

$$q(0) = A_1 + 2 = 0 \quad \therefore \quad A_1 = -2 \tag{8.54}$$

また

$$i = \frac{dq}{dt} = (-2A_1 \sin 2t + 2A_2 \cos 2t) e^{-t}$$
$$\quad - (A_1 \cos 2t + A_2 \sin 2x) e^{-t}$$

$$\therefore \quad i(0) = 2A_2 - A_1 = 0 \quad \therefore \quad A_2 = \frac{A_1}{2} = -1 \tag{8.55}$$

以上の積分定数 A_1 と A_2 の値を式(8.52)へ代入することにより,電荷 q の最

終解は次式で与えられる。
$$q(t) = 2 - (2\cos 2t + \sin 2t)e^{-t} \tag{8.56}$$
なお，三角関数の合成の式を用いると
$$2\cos 2t + \sin 2t = \sqrt{5}\,\sin(2t + \varphi) \quad (\varphi = \tan^{-1} 2)$$
となり，電荷 q は次式で表される。
$$q(t) = 2 - \sqrt{5}\,e^{-t}\sin(2t + \varphi) \quad (\varphi = \tan^{-1} 2) \tag{8.57}$$

式(8.57)を用いて電荷 q の時間変化を計算した結果を図 8.4 に示す。この図から，コンデンサは電荷が振動しながら充電され，しかも振動の振幅は減衰していくことがわかる。すなわち，この振動は式 (8.57) の第 2 項中の $\sin(2t + \varphi)$ によるもので，e^{-t} が減衰を生じる。そして，最終的にはこの第 2 項の過渡解は 0 になり，コンデンサは定常解の $q_s = 2\,\mathrm{C}$ に充電される。

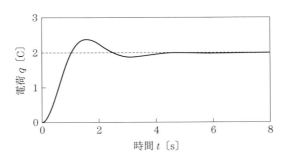

図 8.4　電荷 q の時間変化

〔2〕 **機 械 運 動**

● **振 動 系**　図 8.5 のように，バネとダンパー（減衰器）につながれた物体に，外力 F が加えられたときの物体の運動の様子を求めてみよう。

物体の変位を x とすると，質量 m の物体に働く力は
$$F - D\frac{dx}{dt} - kx \tag{8.58}$$
となる。ここで，第 1 項の F は外力，第 2 項の $D\,dx/dt$ はダンパー（減衰係数 D）による減衰力，第 3 項はバネ（バネ定数 k）による復元力である。

したがって，この振動系の運動方程式は

$$m\frac{d^2x}{dt^2} = F - D\frac{dx}{dt} - kx \tag{8.59}$$

で与えられる。式(8.59)を整理すると

$$m\frac{d^2x}{dt^2} + D\frac{dx}{dt} + kx = F \tag{8.60}$$

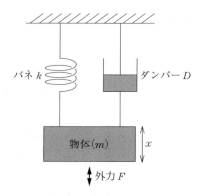

図8.5 減衰系の強制振動

となり，前述の回路方程式(8.45)と同様，2階の線形微分方程式で表される。

- **回 転 系**　図8.6の回転系の運動を考えてみよう。この場合の回転運動の方程式は次式で与えられる。

$$I\frac{d^2\theta}{dt^2} = T - \gamma\frac{d\theta}{dt} - \tau\theta \tag{8.61}$$

ここで，Iはロータの慣性モーメントである。右辺の第1項Tは駆動トルク，第2項の$\gamma d\theta/dt$は制動トルク，

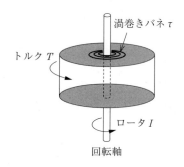

図8.6 ロータの回転運動

第3項の$\tau\theta$は制御トルクである。式(8.61)を整理すると

$$I\frac{d^2\theta}{dt^2} + \gamma\frac{d\theta}{dt} + \tau\theta = T \tag{8.62}$$

となり，この場合も2階の線形微分方程式で表される。

以上より，電気の回路方程式と機械の運動方程式は，まったく同一の微分方程式となるため，同じ考え方で解析できることになる。

表8.2に各方程式のパラメータの対応を示す。したがって，表

表8.2　回路系と機械系のパラメータの対応

電気回路	q	L	R	$1/C$	E
振動系	x	m	D	k	F
回転系	θ	I	γ	τ	T

8.2 の置き換えをすることにより，機械運動システムを電気回路の手法を用いて解析できる。これを電気回路と機械運動の**アナロジー**という。

演 習 問 題

【1】以下の微分方程式を解け。

(1) $\dfrac{dy}{dx} - x^2 = 0$ (2) $y\dfrac{dy}{dx} + x = 0$ (3) $\dfrac{dy}{dx} + 2y = 0$

(4) $(1-x^2)\dfrac{dy}{dx} + xy = 0$ (5) $x\dfrac{dy}{dx} - y - x^4 = 0$

(6) $2\dfrac{dy}{dx} + y = 2$

【2】図 8.7 のように，地上から h〔m〕の高さに質量 m〔kg〕の物体がある。重力加速度を g〔kgm/s²〕として以下の問いに答えよ。

(1) 鉛直方向に落下するときの時刻 t における速度 v と地上に落下するまでの時間を求めよ。
(2) 落下するときに空気の抵抗 kv を受けるときの時刻 t における速度を求めよ。

【3】図 8.8 の回路で，スイッチ S を閉じた後の回路を流れる電流 i をつぎの二つの条件の場合について求めよ。ただし，スイッチ S を閉じる前の電流は 0 である。
(1) 電源 e が直流電圧 E
(2) 電源 e が交流電圧 $E_m \sin \omega t$

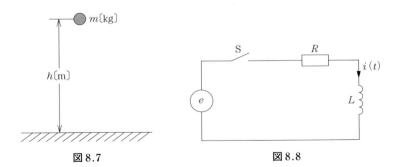

図 8.7　　　　　図 8.8

【4】以下の微分方程式を解け。

(1) $2\dfrac{d^2y}{dx^2} - \dfrac{dy}{dx} - 3y = 0$　　(2) $\dfrac{d^2y}{dx^2} + 4\dfrac{dy}{dx} + 13 = 0$

(3) $\dfrac{d^2y}{dx^2} + 4\dfrac{dy}{dx} + 4 = 0$　　(4) $\dfrac{d^2y}{dx^2} + 4y = x$

(5) $\dfrac{d^2y}{dx^2} + \dfrac{dy}{dx} - 6y = e^{3x}$　　(6) $\dfrac{d^2y}{dx^2} + 2\dfrac{dy}{dx} + 4y = \sin 2x$

(ヒント：(4), (5), (6) の特別解は (4) $y = C_0 + C_1 x$, (5) $y = ce^{3x}$, (6) $C_1 \sin 2x + C_2 \cos 2x$ として求めよ。)

【5】図 8.9 の回路で，スイッチ S を閉じた後のコンデンサの電圧 v_C の時間変化を求めよ。

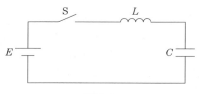

図 8.9

【6】回転運動の方程式 $I\dfrac{d^2\theta}{dt^2} + \gamma\dfrac{d\theta}{dt} + \tau\theta = T$ において，$I = 1 \times 10^{-16}$ kgm/s², $\gamma = 8 \times 10^{-13}$ Nm・s/rad, $\tau = 2.5 \times 10^{-12}$ Nm/rad, $T = 5 \times 10^{-13}$ Nm のとき，回転角 θ の時間変化を求めよ。

9 フーリエ級数

フーリエ級数は周期性のある波形を三角関数の級数で表すもので、ひずみ波交流の解析や信号波形の周波数解析に利用される。本章では、フーリエ級数の定義とフーリエ係数の求め方および複素フーリエ級数について説明する。応用例として、ひずみ波のフーリエ級数展開とひずみ波交流の解析について説明するとともに、フーリエ級数の拡張としてのフーリエ変換についても簡単に説明する。

9.1 フーリエ級数とは

いま、図 9.1 に示すように、周期 T で波形が繰り返される周期関数 $f(t)$ がある。このとき関数 $f(t)$ は三角関数を用いて

$$\begin{aligned} f(t) &= a_0 + a_1 \cos \omega t + a_2 \cos 2\omega t + \cdots + a_n \cos n\omega t + \cdots \\ &\quad + b_1 \sin \omega t + b_2 \sin 2\omega t + \cdots + b_n \sin n\omega t + \cdots \\ &= a_0 + \sum_{n=1}^{\infty} (a_n \cos n\omega t + b_n \sin n\omega t) \end{aligned} \quad (9.1)$$

のように展開でき、これを**フーリエ級数**（Fourier series）という。ここで、ω は角周波数で

$$\omega = 2\pi f = 2\pi \frac{1}{T} \quad (9.2)$$

となり、周期 T で決まる**基本角周波数**である。すなわち、フーリエ級数は基本角周波数とその整数倍の角

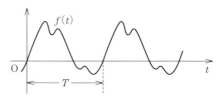

図 9.1　周期関数

周波数の正弦波および余弦波からなる無限三角級数と定数の和で表される。式(9.1)で，a_0 は時間 t に無関係な定数であり，ひずみ波交流では直流成分を表す。また，三角級数のうち，$a_1 \cos \omega t$，$b_1 \sin \omega t$ を**基本波**（fundamental wave），$a_n \cos n\omega t$，$b_n \sin n\omega t$ ($n \geq 2$) を**高調波**（harmonics）という。

なお，フーリエ級数を角度 θ で表すと，$\theta = \omega t$ より

$$f(\theta) = a_0 + \sum_{n=1}^{\infty}(a_n \cos n\theta + b_n \sin n\theta) \tag{9.3}$$

となる。また，三角関数の合成により，次式のように表すこともできる。

$$f(\theta) = a_0 + \sum_{n=1}^{\infty} A_n \sin(n\theta + \varphi_n) \tag{9.4}$$

ただし

$$A_n = \sqrt{a_n{}^2 + b_n{}^2}, \quad \varphi_n = \tan^{-1}\left(\frac{a_n}{b_n}\right)$$

9.2 フーリエ級数の係数

実際に周期関数をフーリエ級数で表すには，係数 a_n，b_n を決定する必要がある。以下に係数の求め方について説明する。

〔1〕 **係数 a_0 の求め方**　　式(9.3)を θ について0から 2π まで積分すると

$$\int_0^{2\pi} f(\theta) d\theta = \int_0^{2\pi} a_0 \, d\theta + \sum_{n=1}^{\infty} \int_0^{2\pi}(a_n \cos n\theta + b_n \sin n\theta) d\theta \tag{9.5}$$

ここで，右辺の三角関数の項の積分は以下となる。

$$\left.\begin{array}{l} \displaystyle\int_0^{2\pi} \cos n\theta \, d\theta = \frac{1}{n}[\sin n\theta]_0^{2\pi} = \frac{1}{n}[\sin 2n\pi - \sin 0] = 0 \\ \displaystyle\int_0^{2\pi} \sin n\theta \, d\theta = \frac{-1}{n}[\cos n\theta]_0^{2\pi} = \frac{-1}{n}[\cos 2n\pi - \cos 0] = 0 \end{array}\right\}$$

$$\tag{9.6}$$

一方,右辺の第1項は次式となる。

$$\int_0^{2\pi} a_0 \, d\theta = a_0[\theta]_0^{2\pi} = 2\pi a_0 \tag{9.7}$$

式(9.6),式(9.7)を式(9.5)に代入すると,係数 a_0 は次式で求められる。

$$a_0 = \frac{1}{2\pi} \int_0^{2\pi} f(\theta) d\theta \tag{9.8}$$

すなわち,a_0 は $f(\theta)$ の1周期にわたっての平均値に等しい。

〔2〕 係数 a_n と b_n の求め方　まず,係数 a_n を求めるために,式(9.3)の両辺に $\cos n\theta$ を掛けて,θ について0から 2π まで積分する。

$$\int_0^{2\pi} f(\theta)\cos n\theta \, d\theta = \int_0^{2\pi} \cos n\theta \{a_0 + \sum_{n=1}^{\infty}(a_n \cos n\theta + b_n \sin n\theta)\} d\theta \tag{9.9}$$

式(9.9)の右辺を書き下すと

$$\begin{aligned}
\text{右辺} &= a_0 \int_0^{2\pi} \cos n\theta \, d\theta \\
&\quad + a_1 \int_0^{2\pi} \cos\theta \cos n\theta \, d\theta + a_2 \int_0^{2\pi} \cos 2\theta \cos n\theta \, d\theta + \cdots \\
&\quad \cdots + a_n \int_0^{2\pi} \cos n\theta \cos n\theta \, d\theta + a_{n+1} \int_0^{2\pi} \cos(n+1)\theta \cos n\theta \, d\theta + \cdots \\
&\quad \cdots + b_1 \int_0^{2\pi} \sin\theta \cos n\theta \, d\theta + b_2 \int_0^{2\pi} \sin 2\theta \cos n\theta \, d\theta + \cdots \\
&\quad \cdots + b_n \int_0^{2\pi} \sin n\theta \cos n\theta \, d\theta + b_{n+1} \int_0^{2\pi} \sin(n+1)\theta \cos n\theta \, d\theta + \cdots
\end{aligned} \tag{9.10}$$

となり,以下の三つのタイプの積分からなる。

① $\int_0^{2\pi} \cos n\theta \, d\theta$,　② $\int_0^{2\pi} \cos m\theta \cos n\theta \, d\theta$,　③ $\int_0^{2\pi} \sin m\theta \cos n\theta \, d\theta$

まず,①のタイプの積分は式(9.6)より

$$\int_0^{2\pi} \cos n\theta \, d\theta = 0$$

つぎに,②のタイプの積分は,$m \neq n$ のとき

$$\int_0^{2\pi} \cos m\theta \cos n\theta \, d\theta = \frac{1}{2}\int_0^{2\pi}\{\cos(m-n)\theta + \cos(m+n)\theta\}d\theta = 0 \tag{9.11}$$

となり，$m = n$ のとき

$$\int_0^{2\pi} \cos n\theta \cos n\theta \, d\theta = \int_0^{2\pi} \cos^2 n\theta \, d\theta = \frac{1}{2}\int_0^{2\pi}(1+\cos 2n\theta)d\theta = \pi \tag{9.12}$$

となる。③のタイプの積分は，次式のようにすべて 0 となる。

$$\int_0^{2\pi} \sin m\theta \cos n\theta \, d\theta = \frac{1}{2}\int_0^{2\pi}\{\sin(m+n)\theta - \sin(m-n)\theta\}d\theta = 0 \tag{9.13}$$

以上より，式(9.9)の右辺は，a_n の項のみが残り

$$\int_0^{2\pi} f(\theta)\cos n\theta \, d\theta = \pi a_n \tag{9.14}$$

となり，係数 a_n は次式で求められる。

$$a_n = \frac{1}{\pi}\int_0^{2\pi} f(\theta)\cos n\theta \, d\theta \tag{9.15}$$

つぎに，係数 b_n を求めるために，式(9.3)の両辺に $\sin n\theta$ を掛けて，θ について 0 から 2π まで積分する。

$$\int_0^{2\pi} f(\theta)\sin n\theta \, d\theta = \int_0^{2\pi} \sin n\theta \{a_0 + \sum_{n=1}^{\infty}(a_n \cos n\theta + b_n \sin n\theta)\}d\theta \tag{9.16}$$

係数 a_n の計算過程からわかるように，式(9.16)の右辺は $\sin^2 n\theta$ 以外の項の積分はすべて 0 となるから，b_n の項のみが残り

$$\int_0^{2\pi} f(\theta)\sin n\theta \, d\theta = \pi b_n \tag{9.17}$$

となり，係数 b_n は次式で求められる。

$$b_n = \frac{1}{\pi}\int_0^{2\pi} f(\theta)\sin n\theta\, d\theta \tag{9.18}$$

以上，角度変数を用いた場合のフーリエ級数の係数を求めたが，時間変数の場合も同様に求められる。変数に角度 θ および時間 t を用いた場合のフーリエ級数と係数を表 9.1 にまとめて示す。

表 9.1 フーリエ級数と係数

	角度変数 (θ)	時間変数 (t)
級数	$f(\theta) = a_0 + \sum_{n=1}^{\infty}(a_n \cos n\theta + b_n \sin n\theta)$ $= a_0 + \sum_{n=1}^{\infty} A_n \sin(n\theta + \varphi_n)$ $\left(A_n = \sqrt{a_n^2 + b_n^2}, \varphi_n = \tan^{-1}\left(\dfrac{a_n}{b_n}\right)\right)$	$f(t) = a_0 + \sum_{n=1}^{\infty}(a_n \cos n\omega t + b_n \sin n\omega t)$ $= a_0 + \sum_{n=1}^{\infty} A_n \sin(n\omega t + \varphi_n)$ $\left(A_n = \sqrt{a_n^2 + b_n^2}, \varphi_n = \tan^{-1}\left(\dfrac{a_n}{b_n}\right)\right)$
係数	$a_0 = \dfrac{1}{2\pi}\int_0^{2\pi} f(\theta)d\theta$ $a_n = \dfrac{1}{\pi}\int_0^{2\pi} f(\theta)\cos n\theta\, d\theta$ $b_n = \dfrac{1}{\pi}\int_0^{2\pi} f(\theta)\sin n\theta\, d\theta$	$a_0 = \dfrac{1}{T}\int_0^T f(t)dt$ $a_n = \dfrac{2}{T}\int_0^T f(t)\cos n\omega t\, dt$ $b_n = \dfrac{2}{T}\int_0^T f(t)\sin n\omega t\, dt$

なお，積分範囲は 1 周期であればいいので $(0 \sim 2\pi)$，$(0 \sim T)$ の代わりに $(-\pi \sim \pi)$，$(-T/2 \sim T/2)$ が用いられることもある。例えば以下で表される。

$$a_n = \frac{1}{\pi}\int_0^{2\pi} f(\theta)\cos n\theta\, d\theta = \frac{1}{\pi}\int_{-\pi}^{\pi} f(\theta)\cos n\theta\, d\theta \tag{9.19}$$

$$b_n = \frac{2}{T}\int_0^T f(t)\sin n\omega t\, dt = \frac{2}{T}\int_{-\frac{T}{2}}^{\frac{T}{2}} f(t)\sin n\omega t\, dt \tag{9.20}$$

9.3 複素フーリエ級数

まず，フーリエ級数

$$f(\theta) = a_0 + \sum_{n=1}^{\infty}(a_n \cos n\theta + b_n \sin n\theta)$$

において，$\sum$ の項で $n=0$ とおくと

$$a_0 \cos 0 + b_0 \sin 0 = a_0$$

となるので，フーリエ級数は次式のように表せる。

$$f(\theta) = \sum_{n=0}^{\infty} (a_n \cos n\theta + b_n \sin n\theta) \qquad (9.21)$$

ここで，三角関数の指数関数表示

$$\cos n\theta = \frac{e^{jn\theta} + e^{-jn\theta}}{2}$$

$$\sin n\theta = \frac{e^{jn\theta} - e^{-jn\theta}}{2j} = \frac{j}{2}(e^{-jn\theta} - e^{jn\theta})$$

を用いると，式(9.21)は次式となる。

$$f(\theta) = \sum_{n=0}^{\infty} \left\{ \frac{1}{2} a_n (e^{jn\theta} + e^{-jn\theta}) + \frac{j}{2} b_n (e^{-jn\theta} - e^{jn\theta}) \right\}$$

$$= \sum_{n=0}^{\infty} \left\{ \frac{1}{2}(a_n - jb_n) e^{jn\theta} + \frac{1}{2}(a_n + jb_n) e^{-jn\theta} \right\} \qquad (9.22)$$

ここで

$$\left.\begin{array}{l} c_n = \dfrac{1}{2}(a_n - jb_n) \\[4pt] \overline{c_n} = \dfrac{1}{2}(a_n + jb_n) \end{array}\right\} \qquad (9.23)$$

とおくと，式(9.22)は次式となる。

$$f(\theta) = \sum_{n=0}^{\infty} (c_n e^{jn\theta} + \overline{c_n} e^{-jn\theta})$$

$$= \sum_{n=0}^{\infty} c_n e^{jn\theta} + \sum_{n=0}^{\infty} \overline{c_n} e^{-jn\theta} \qquad (9.24)$$

ここで，さらに $\overline{c_n} = c_{-n}$ とおくと，式(9.24)の第2項は

$$\sum_{n=0}^{\infty} \overline{c_n} e^{-jn\theta} = \sum_{n=0}^{\infty} c_{-n} e^{j(-n)\theta} = \sum_{n=0}^{-\infty} c_n e^{jn\theta} \qquad (9.25)$$

となる。したがって，式(9.24)は次式で表され，これを**複素フーリエ級数**という。

$$f(\theta) = \sum_{n=0}^{\infty} c_n e^{jn\theta} + \sum_{n=0}^{-\infty} c_n e^{jn\theta}$$
$$= \sum_{n=-\infty}^{\infty} c_n e^{jn\theta} \tag{9.26}$$

式(9.26)の両辺に $e^{-jm\theta}$ を掛けて，θ について0から2πまで積分する。

$$\int_0^{2\pi} f(\theta) e^{-jm\theta} d\theta = \sum_{n=-\infty}^{\infty} \int_0^{2\pi} c_n e^{jn\theta} e^{-jm\theta} d\theta$$
$$= \sum_{n=-\infty}^{\infty} \int_0^{2\pi} c_n e^{j(n-m)\theta} d\theta \tag{9.27}$$

式(9.27)の右辺は，$m = n$ 以外の項の積分は 0 となるため，式(9.27)は

$$\int_0^{2\pi} f(\theta) e^{-jn\theta} d\theta = \int_0^{2\pi} c_n d\theta = 2\pi c_n \tag{9.28}$$

となる。したがって，係数 c_n は次式で求められる。

$$c_n = \frac{1}{2\pi} \int_0^{2\pi} f(\theta) e^{-jn\theta} d\theta \tag{9.29}$$

なお，複素フーリエ級数の係数 c_n と通常のフーリエ級数の係数 a_0, a_n, b_n の関係は以下のようになる。

$$a_0 = 2c_0, \quad a_n = c_n + c_{-n}, \quad b_n = j(c_n - c_{-n}) \tag{9.30}$$

複素フーリエ級数について，変数に角度 θ および時間 t を用いたときの級数と係数を**表9.2**にまとめて示す。

表9.2 複素フーリエ級数と係数

	角度変数 (θ)	時間変数 (t)
級数	$f(\theta) = \sum_{n=-\infty}^{\infty} c_n e^{jn\theta}$	$f(t) = \sum_{n=-\infty}^{\infty} c_n e^{jn\omega t}$
係数	$c_n = \dfrac{1}{2\pi} \int_0^{2\pi} f(\theta) e^{-jn\theta} d\theta$	$c_n = \dfrac{1}{T} \int_0^T f(t) e^{-jn\omega t} dt$

9.4 フーリエ級数の応用例

電気電子工学では，方形波や三角波などのパルス波や高調波成分を含んだ交流が登場する。これらの交流は正弦波交流に対して**ひずみ波交流**と呼ばれる。ひずみ波交流の解析は，ひずみ波を一度フーリエ級数に展開したのち周波数成分ごとに正弦波交流解析を適用することにより行う。

9.4.1 ひずみ波のフーリエ級数

図 9.2 に代表的なひずみ波を示す。図(a)と図(b)は同じ方形波であるが，位相が異なるため奇関数と偶関数になる。そこで，フーリエ級数を求める前に，ひずみ波関数の性質とフーリエ級数の係数の関係について調べてみる。

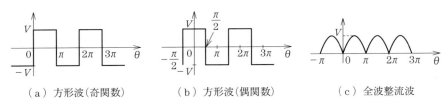

（a）方形波（奇関数）　　（b）方形波（偶関数）　　（c）全波整流波

図 9.2 ひずみ波交流の波形

- **奇関数波**　　奇関数波 $f(\theta)$ は，図(a)のように原点対称の波形となるため，$f(\theta) = -f(-\theta)$ の条件を満足する。したがって

$$f(\theta) + f(-\theta) = a_0 + \sum_{n=1}^{\infty}(a_n \cos n\theta + b_n \sin n\theta)$$

$$+ a_0 + \sum_{n=1}^{\infty}\{a_n \cos n(-\theta) + b_n \sin n(-\theta)\}$$

$$= 2a_0 + 2\sum_{n=1}^{\infty} a_n \cos n\theta = 0 \tag{9.31}$$

となり，式(9.31)が成立するには

$$a_0 = 0, \quad a_n = 0 \tag{9.32}$$

でなければならない。これは当然の結果で，$f(\theta)$ が奇関数のとき右辺も奇

関数となるため，偶関数である cos 関数の項は存在せず，奇関数の sin 関数の項のみとなるからである。

- **偶関数波**　偶関数波 $f(\theta)$ は，図（b）のように y 軸に関して対称となり，$f(\theta) = f(-\theta)$ の条件を満足することから

$$f(\theta) - f(-\theta) = 2\sum_{n=1}^{\infty} b_n \sin n\theta = 0 \tag{9.33}$$

となり

$$b_n = 0 \tag{9.34}$$

となる必要がある。すなわち，偶関数波のフーリエ級数は奇関数である sin 関数の項を含まない。

以上の性質を利用して，図 9.2 のひずみ波交流のフーリエ級数を求めてみる。

〔a〕 **方形波（奇関数）**　$f(\theta)$ は奇関数より，$a_0 = a_n = 0$ である。また

$$f(\theta) = \begin{cases} V & (0 \leq \theta \leq \pi) \\ -V & (\pi \leq \theta \leq 2\pi) \end{cases} \tag{9.35}$$

であるから

$$\begin{aligned}
b_n &= \frac{1}{\pi}\int_0^{2\pi} f(\theta)\sin n\theta\, d\theta = \frac{1}{\pi}\left(\int_0^{\pi} V\sin n\theta\, d\theta - \int_{\pi}^{2\pi} V\sin n\theta\, d\theta\right) \\
&= \frac{V}{\pi}\left\{\left[-\frac{\cos n\theta}{n}\right]_0^{\pi} + \left[\frac{\cos n\theta}{n}\right]_{\pi}^{2\pi}\right\} \\
&= \frac{V}{\pi}\left(\frac{-\cos n\pi + \cos 0}{n} + \frac{\cos 2n\pi - \cos n\pi}{n}\right) \\
&= \frac{2V}{n\pi}(1 - \cos n\pi) \tag{9.36}
\end{aligned}$$

ここで

$$\cos n\pi = \begin{cases} 1 & (n = 2m) \\ -1 & (n = 2m - 1) \end{cases} \quad (m = 1, 2, 3, \cdots) \tag{9.37}$$

であるから，b_n は n が奇数のときのみ存在し

$$b_{2m-1} = \frac{4V}{(2m-1)\pi} \tag{9.38}$$

となる．したがって，フーリエ級数は

$$f(\theta) = \frac{4V}{\pi}\left(\sin\theta + \frac{1}{3}\sin 3\theta + \frac{1}{5}\sin 5\theta + \frac{1}{7}\sin 7\theta + \cdots\right)$$
$$= \frac{4V}{\pi}\sum_{m=1}^{\infty}\frac{\sin(2m-1)\theta}{(2m-1)} \quad (9.39)$$

となる．式(9.39)を用いて計算した方形波のフーリエ級数の次数 m に対する変化の様子を図9.3に示す．次数 m が大きくなるにつれてフーリエ級数は方形波に近い波形になる．

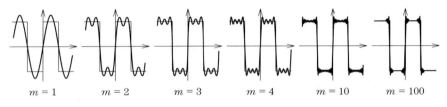

図9.3 方形波のフーリエ級数波形

〔b〕 **方形波（偶関数）** $f(\theta)$ は偶関数より $b_n = 0$ である．また，1周期にわたる平均値は0となるので，$a_0 = 0$ である．一方，$f(\theta)$ は

$$f(\theta) = \begin{cases} V & (0 \leqq \theta \leqq \pi/2,\ 3\pi/2 \leqq \theta \leqq 2\pi) \\ -V & (\pi/2 \leqq \theta \leqq 3\pi/2) \end{cases} \quad (9.40)$$

であるから

$$a_n = \frac{1}{\pi}\int_0^{2\pi} f(\theta)\cos n\theta\, d\theta = \frac{1}{\pi}4\int_0^{\pi/2} V\cos n\theta\, d\theta$$
$$= \frac{4V}{\pi}\left[\frac{\sin n\theta}{n}\right]_0^{\pi/2} = \frac{4V}{n\pi}\left(\sin\frac{n\pi}{2} - \sin 0\right) = \frac{4V}{n\pi}\sin\frac{n\pi}{2} \quad (9.41)$$

ここで

$$\sin\frac{n\pi}{2} = \begin{cases} 0 & (n=2m) \\ (-1)^{m+1} & (n=2m-1) \end{cases} \quad (m=1,2,3,\cdots) \quad (9.42)$$

であるから，a_n は n が奇数のときのみ存在し

$$a_n = a_{2m-1} = (-1)^{m+1}\frac{4V}{(2m-1)\pi} \quad (9.43)$$

となる。したがって，フーリエ級数は

$$f(\theta) = \frac{4V}{\pi}\left(\cos\theta - \frac{1}{3}\cos 3\theta + \frac{1}{5}\cos 5\theta - \frac{1}{7}\cos 7\theta + \cdots\right)$$

$$= \frac{4V}{\pi}\sum_{m=1}^{\infty}(-1)^{m+1}\frac{\cos(2m-1)\theta}{(2m-1)} \tag{9.44}$$

となる。式 (9.44) は，θ を $(\theta - \pi/2)$ とすると，$(-1)^{m+1}\cos\{(2m-1)(\theta-\pi/2)\} = \sin(2m-1)\theta$ となり，式 (9.39) に等しくなる。これは，図 9.2 (a) と図 (b) は位相が $\pi/2$ ずれているだけで同じ方形波であるからである。

〔 c 〕 **全波整流波**　　図 9.2 (c) の全波整流波 $f(\theta)$ は

$$f(\theta) = \begin{cases} V\sin\theta & (0 \leqq \theta \leqq \pi) \\ -V\sin\theta & (-\pi \leqq \theta \leqq 0) \end{cases} \tag{9.45}$$

となり，偶関数となるため，$b_n = 0$ である。また，1 周期にわたって平均することにより

$$a_0 = \frac{1}{2\pi}\int_{-\pi}^{\pi}f(\theta)d\theta = \frac{1}{\pi}\int_{0}^{\pi}V\sin\theta\,d\theta = \frac{V}{\pi}[-\cos\theta]_0^\pi = \frac{2V}{\pi} \tag{9.46}$$

一方

$$a_n = \frac{1}{\pi}\int_{-\pi}^{\pi}f(\theta)\cos n\theta\,d\theta = \frac{2}{\pi}\int_0^\pi V\sin\theta\cos n\theta\,d\theta$$

$$= \frac{V}{\pi}\int_0^\pi\{\sin(n+1)\theta - \sin(n-1)\theta\}d\theta$$

$$= \frac{V}{\pi}\left\{-\left[\frac{\cos(n+1)\theta}{n+1}\right]_0^\pi + \left[\frac{\cos(n-1)\theta}{n-1}\right]_0^\pi\right\}$$

$$= \frac{V}{\pi}\left\{\frac{\cos(n-1)\pi - 1}{n-1} - \frac{\cos(n+1)\pi - 1}{n+1}\right\}$$

$$= \frac{V}{\pi}\left\{\frac{(-1)^{n-1}-1}{n-1} - \frac{(-1)^{n+1}-1}{n+1}\right\} \tag{9.47}$$

ここで

$$(-1)^{n\pm 1} = \begin{cases} -1 & (n = 2m) \\ 1 & (n = 2m-1) \end{cases} \quad (m = 1, 2, 3, \cdots) \tag{9.48}$$

であるから，a_n は n が奇数のとき 0 となり，偶数のとき

$$a_n = a_{2m} = \frac{V}{\pi}\left(\frac{-2}{2m-1} - \frac{-2}{2m+1}\right) = \frac{-4V}{\pi(4m^2-1)} \tag{9.49}$$

となる．したがって，フーリエ級数は

$$f(\theta) = \frac{2V}{\pi} - \frac{4V}{\pi}\left(\frac{1}{3}\cos 2\theta + \frac{1}{15}\cos 4\theta + \frac{1}{35}\cos 6\theta + \cdots\right)$$

$$= \frac{2V}{\pi} - \frac{4V}{\pi}\sum_{m=1}^{\infty}\frac{\cos 2m\theta}{(4m^2-1)} \tag{9.50}$$

となる．

9.4.2 ひずみ波交流

図 9.4 の回路で，電源電圧 $v(t)$ が

$$v(t) = V_0 + \sum_{n=1}^{\infty}V_n\sin(n\omega t + \varphi_n) \tag{9.51}$$

のとき，回路を流れる電流 $i(t)$ は次式で表される．

$$i(t) = I_0 + \sum_{n=1}^{\infty}I_n\sin(n\omega t + \varphi_n + \theta_n) \tag{9.52}$$

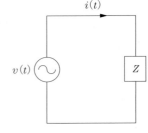

図 9.4 交流回路

ここで，θ_n はインピーダンス Z によって生じる電圧と電流の位相差である．

まず，式 (9.51) のひずみ波交流電圧の実効値 V_e を求めると

$$V_e = \sqrt{\frac{1}{T}\int_0^T v(t)^2 dt} = \sqrt{\frac{1}{T}\int_0^T\left\{V_0 + \sum_{n=1}^{\infty}V_n\sin(n\omega t + \varphi_n)\right\}^2 dt} \tag{9.53}$$

となる．ここで，式 (9.53) の { }^{2} を展開すると，右辺は以下の三つのタイプの積分からなる．

① $\dfrac{1}{T}\displaystyle\int_0^T V_0{}^2 dt$

② $\dfrac{2}{T}\int_0^T V_0 V_n \sin(n\omega t + \varphi_n)dt$

③ $\dfrac{2}{T}\int_0^T V_m V_n \sin(m\omega t + \varphi_m)\sin(n\omega t + \varphi_n)dt$

まず，①の項の積分は

$$\dfrac{1}{T}\int_0^T V_0{}^2 dT = V_0{}^2 \tag{9.54}$$

つぎに，$\int_0^T \sin(n\omega t + \varphi_n)dt = 0$ より，②の項の積分は 0 となる。

③の項の積分は，$m \neq n$ のとき 0 となり，$m = n$ のとき

$$\dfrac{1}{T}\int_0^T V_n{}^2 \sin^2(n\omega t + \varphi_n)dt = \dfrac{V_n{}^2}{T}\int_0^T \dfrac{1-\cos 2(n\omega t + \varphi_n)}{2}dt = \dfrac{V_n{}^2}{2} \tag{9.55}$$

となる。以上より

$$V_e = \sqrt{V_0{}^2 + \sum_{n=1}^{\infty}\dfrac{V_n{}^2}{2}} = \sqrt{V_0{}^2 + \dfrac{V_1{}^2}{2} + \dfrac{V_2{}^2}{2} + \cdots + \dfrac{V_n{}^2}{2} + \cdots} \tag{9.56}$$

となる。ここで

$$\dfrac{V_n{}^2}{2} = \left(\dfrac{V_n}{\sqrt{2}}\right)^2 = V_{ne}{}^2 \tag{9.57}$$

とおくと，V_{ne} は第 n 高調波電圧の実効値となる。したがって，ひずみ波交流電圧の実効値 V_e は

$$V_e = \sqrt{V_0{}^2 + \sum_{n=1}^{\infty} V_{ne}{}^2} = \sqrt{V_0{}^2 + V_{1e}{}^2 + V_{2e}{}^2 + \cdots + V_{ne}{}^2 + \cdots} \tag{9.58}$$

となる。式(9.52)のひずみ波交流電流の実効値 I_e も同様に求められ，第 n 高調波電流の実効値 $I_{ne} = I_n/\sqrt{2}$ とすると次式となる。

$$I_e = \sqrt{I_0{}^2 + \sum_{n=1}^{\infty} I_{ne}{}^2} = \sqrt{I_0{}^2 + I_{1e}{}^2 + I_{2e}{}^2 + \cdots + I_{ne}{}^2 + \cdots} \tag{9.59}$$

以上の結果から，ひずみ波交流の電圧および電流の実効値は，直流および各高調波の電圧，電流の実効値の二乗和の平方根で与えられる。

つぎに，ひずみ波交流の平均電力を求める。平均電力 P は瞬時電力 $p(t) = v(t)i(t)$ を1周期にわたって平均することにより求められ次式となる。

$$P = \frac{1}{T}\int_0^T p(t)dt = \frac{1}{T}\int_0^T v(t)i(t)dt$$

$$= \frac{1}{T}\int_0^T \left(V_0 + \sum_{n=1}^{\infty} V_n \sin(n\omega t + \varphi_n)\right)$$

$$\left(I_0 + \sum_{n=1}^{\infty} I_n \sin(n\omega t + \varphi_n + \theta_n)\right)dt \tag{9.60}$$

右辺を展開して整理すると

$$P = \frac{1}{T}\int_0^T \left\{V_0 I_0 + \sum_{n=1}^{\infty} V_n I_n \sin(n\omega t + \varphi_n)\sin(n\omega t + \varphi_n + \theta_n)\right\}dt$$

$$= \frac{1}{T}\int_0^T V_0 I_0 dt + \frac{1}{T}\int_0^T \sum_{n=1}^{\infty} \left[\frac{V_n I_n}{2}\cos\theta_n - \cos\{2(n\omega t + \varphi_n) + \theta_n\}\right]dt$$

$$= \frac{1}{T}\int_0^T V_0 I_0 dt + \frac{1}{T}\int_0^T \sum_{n=1}^{\infty} \frac{V_n I_n}{2}\cos\theta_n \, dt$$

$$= V_0 I_0 + \sum_{n=1}^{\infty} \frac{V_n I_n}{2}\cos\theta_n = V_0 I_0 + \sum_{n=1}^{\infty} \frac{V_n}{\sqrt{2}}\cdot\frac{I_n}{\sqrt{2}}\cos\theta_n$$

$$= V_0 I_0 + \sum_{n=1}^{\infty} V_{ne} I_{ne} \cos\theta_n \tag{9.61}$$

ここで

$$P_0 = V_0 I_0 \qquad \text{(直流電力)} \tag{9.62}$$

$$P_{ne} = V_{ne} I_{ne} \cos\theta_n \qquad \text{(第 n 高調波の電力)} \tag{9.63}$$

とおくと，式(9.61)は

$$P = P_0 + \sum_{n=1}^{\infty} P_{ne} \tag{9.64}$$

となり，ひずみ波交流の電力 P は，直流電力 P_0 と各高調波の電力 P_{ne}（有効電力）の和で与えられる。これを**電力の重ね合わせ**という。

なお，ひずみ波交流解析の具体例を演習問題【4】に挙げてあるので，参照されたい．

9.5 フーリエ変換

すでに学んだように，周期性のある波形はフーリエ級数で展開できるが，波形に周期性がないときフーリエ級数がどうなるかについて考えてみよう．

まず，周期 T で繰り返される波形 $f(t)$ を複素フーリエ級数で展開すると

$$f(t) = \sum_{n=-\infty}^{\infty} c_n e^{jn\omega t} \tag{9.65}$$

となる．1周期の範囲を $-T/2 \sim T/2$ とすると，係数 c_n は

$$c_n = \frac{1}{T}\int_{-\frac{T}{2}}^{\frac{T}{2}} f(t) e^{-jn\omega t} dt \tag{9.66}$$

となり，次式が導かれる．

$$f(t) = \sum_{n=-\infty}^{\infty} \left\{ \frac{1}{T}\int_{-\frac{T}{2}}^{\frac{T}{2}} f(t) e^{-jn\omega t} dt \right\} e^{jn\omega t} \tag{9.67}$$

ところで，波形 $f(t)$ に周期性がないということは，数学的には式(9.67)において，周期 T が無限大の場合に相当する．ここで

$$\frac{1}{T} = \varDelta f \quad \text{（基本周波数）} \tag{9.68}$$

$$n\omega = n\left(\frac{2\pi}{T}\right) = 2\pi n \varDelta f = 2\pi f_n \quad (f_n = n\varDelta f) \tag{9.69}$$

とおくと

$$f(t) = \sum_{n=-\infty}^{\infty} \varDelta f \left\{ \int_{-\frac{T}{2}}^{\frac{T}{2}} f(t) e^{-j2\pi f_n t} dt \right\} e^{j2\pi f_n t} \tag{9.70}$$

となり，$T \to \infty$ とすると，$\varDelta f \to 0$，$f_n (= n\varDelta f) \to f$（連続量）となるため次式となる．

$$f(t) = \lim_{\Delta f \to 0} \sum_{n=-\infty}^{\infty} \Delta f \left\{ \int_{-\infty}^{\infty} f(t)e^{-j2\pi ft} dt \right\} e^{j2\pi ft}$$

$$= \lim_{\Delta f \to 0} \sum_{n=-\infty}^{\infty} \left\{ \int_{-\infty}^{\infty} f(t)e^{-j2\pi ft} dt \right\} e^{j2\pi ft} \Delta f \tag{9.71}$$

式(9.71)は，6.5節の積分の式(6.53)と比較すれば容易にわかるように，周波数fについての積分となる。

$$f(t) = \int_{-\infty}^{\infty} \left\{ \int_{-\infty}^{\infty} f(t)e^{-j2\pi ft} dt \right\} e^{j2\pi ft} df \tag{9.72}$$

式(9.72)で

$$F(f) = \int_{-\infty}^{\infty} f(t)e^{-j2\pi ft} dt = \mathcal{F}[f(t)] \quad (\text{フーリエ変換}) \tag{9.73}$$

とおくと次式となる。

$$f(t) = \int_{-\infty}^{\infty} F(f)e^{j2\pi ft} df = \mathcal{F}^{-1}[F(f)] \quad (\text{フーリエ逆変換}) \tag{9.74}$$

この結果から，周期性のない波形はフーリエ級数のようにとびとびの高調波の和でなく，連続した周波数による積分の形で表されることがわかる。式(9.73)を**フーリエ変換**（Fourier transform），式(9.74)を**フーリエ逆変換**（inverse Fourier transform）といい，それぞれ$\mathcal{F}$と$\mathcal{F}^{-1}$の記号を用いて表す。$f(t)$が波形の時間変化を表すのに対して，$F(f)$は周波数領域での変化，すなわち波形$f(t)$の**周波数スペクトル**を表している。

なお，角周波数ωを用いた場合のフーリエ変換とフーリエ逆変換は以下のようになる。

$$F(\omega) = \int_{-\infty}^{\infty} f(t)e^{-j\omega t} dt \tag{9.75}$$

$$f(t) = \frac{1}{2\pi} \int_{-\infty}^{\infty} F(\omega)e^{j\omega t} d\omega \tag{9.76}$$

9.5 フーリエ変換

• 単独パルス波のフーリエ変換

図 9.5 の単独パルス波 $f(t)$ のフーリエ変換を求めてみる。パルス波 $f(t)$ は

$$f(t) = \begin{cases} 1 & (|t| \leq a/2) \\ 0 & (|t| > a/2) \end{cases} \tag{9.77}$$

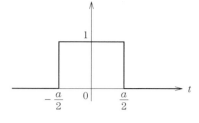

図 9.5　単独パルス波

であるので，フーリエ変換は

$$F(f) = \int_{-\frac{a}{2}}^{\frac{a}{2}} 1 \cdot e^{-j2\pi ft} dt = \left[\frac{e^{-j2\pi ft}}{-j2\pi f} \right]_{-\frac{a}{2}}^{\frac{a}{2}} = \frac{e^{-j\pi fa} - e^{j\pi fa}}{-j2\pi f}$$

$$= \frac{e^{j\pi fa} - e^{-j\pi fa}}{2j} \cdot \frac{1}{\pi f}$$

$$= \frac{\sin \pi fa}{\pi f} = a \frac{\sin \pi fa}{\pi fa} \tag{9.78}$$

となり，パルス幅 a が決まれば周波数スペクトル $F(f)$ が計算できる。

図 9.6 (a)，(b)，(c) はパルス幅 $a = 1, 5, 10$ s のときの周波数スペクトル $F(f)$ である。この図から，パルス幅が長くなるにつれてスペクトルはより詳細な変化を示し，$f = 0\,\mathrm{Hz}$ での振幅が大きくなることがわかる。そして，$a \to \infty$ とすると，図(d)のように波形は回路の直流信号に相当し，スペクトルは $f = 0\,\mathrm{Hz}$ のみの成分となり，デルタ関数 $\delta(t)$ で表される。

以上より，フーリエ変換を用いて波形の周波数成分を調べる場合，波形の観測時間が Δt のとき周波数分解能は $\Delta f = 1/\Delta t$ となり，観測時間が長くなるほど周波数分解能も高くなり，より詳細なスペクトルが得られることになる。

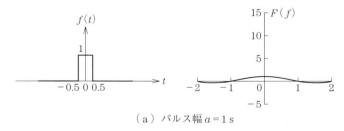

（a）パルス幅 $a = 1$ s

図 9.6　単独パルス波と周波数スペクトル

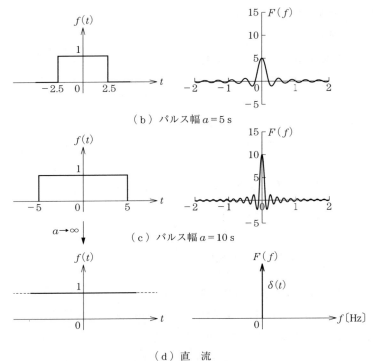

(b) パルス幅 $a=5\,\mathrm{s}$

(c) パルス幅 $a=10\,\mathrm{s}$

(d) 直 流

図 9.6 (つづき)

演 習 問 題

【1】図 9.7 の (a) 半波整流波と (b) 方形波のフーリエ級数を求めよ。

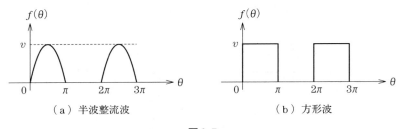

(a) 半波整流波　　　(b) 方形波

図 9.7

【2】図9.8の(a)三角波と(b)のこぎり波のフーリエ級数を求めよ。

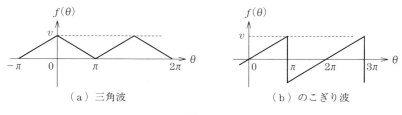

(a) 三角波　　　　　　　　　　(b) のこぎり波

図9.8

【3】図9.9の方形波の複素フーリエ級数を求めよ。

【4】図9.10に示すRLC直列回路に，直流電圧と第2高調波を含む交流電圧からなる電圧
$$v(t) = 8 + 12\sqrt{2}\ \sin \omega t + 20\sqrt{2}\ \sin 2\omega t \ \text{[V]}$$
を加えたとき，回路を流れる電流と消費電力を求めよ。ただし，$\omega = 100\,\text{rad/s}$とする。

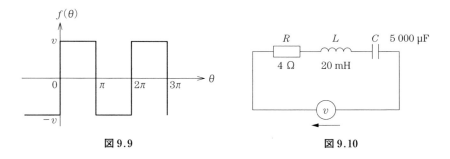

図9.9　　　　　　　　　図9.10

10 ラプラス変換

　8章で電気回路の過渡現象を微分方程式で解析できることを説明したが，回路網が複雑になると高階の微分方程式を解くことになり解析が難しくなる。ラプラス変換による解法を用いると，微分方程式による直接解法に比べて容易に解析でき，回路の入出力特性も理解しやすい。本章では，電気回路を例に挙げてラプラス変換による微分方程式の解法について説明した後，基本関数のラプラス変換，ラプラス変換に関する定理およびラプラス逆変換について説明する。ラプラス変換の応用例として，回路の伝達関数と LC 回路の過渡現象の解析および z 変換について紹介する。

10.1　ラプラス変換とは

波形 $f(t)(t \geqq 0)$ に対して次式の積分

$$F(s) = \int_0^\infty f(t)e^{-st}dt = \mathcal{L}[f(t)] \tag{10.1}$$

で定義される $F(s)$ を $f(t)$ の**ラプラス変換**（Laplace transform）といい，記号に $\mathcal{L}$ を用いて表す。ここで，変数 s は次式で定義される複素数である。

$$s = \sigma + j\omega \tag{10.2}$$

$\sigma = 0$ のとき $s = j\omega$ となり，式(10.1)はフーリエ変換になることから，ラプラス変換はフーリエ変換を拡張したものとなる。

　では，ラプラス変換とフーリエ変換の違いについて考えてみよう。すでに学んできたように，フーリエ変換は波形を振幅が一定の正弦波 $e^{j\omega t}$ に分解するのに対して，ラプラス変換は

$$e^{st} = e^{\sigma t}e^{j\omega t} \tag{10.3}$$

からわかるように，振幅が時間とともに変化する周期波に分解することになる。これを言い換えると，フーリエ級数は定常状態の周波数解析に用いられるのに対して，ラプラス変換は過渡状態の解析が可能になるということである。

なお，ラプラス逆変換はフーリエ逆変換で $j\omega$ を s に置き換えることによって得られるが，s が複素数であるため次式のような複素積分となる。

$$f(t) = \mathcal{L}^{-1}[F(s)] = \frac{1}{2\pi j}\int_{\sigma - j\infty}^{\sigma + j\infty} F(s)e^{st}ds \tag{10.4}$$

しかし，実際にラプラス変換により電気電子工学の問題を解くとき，式(10.4)を用いてラプラス逆変換を計算することはほとんどなく，10.3節で述べるようにラプラス対関数を利用する。

10.2 ラプラス変換による回路解析

ラプラス変換による解析法を，具体的な回路を例にとって説明しよう。**図10.1** は 8.2.2項の微分方程式の応用で取り上げた CR 直列回路である。

回路方程式は変数に電荷 q を用いると，式(8.24)より

$$R\frac{dq}{dt} + \frac{1}{C}q = E \tag{10.5}$$

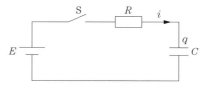

図10.1 CR 直列回路

となり，ラプラス変換（e^{-st} を掛けて $0 \sim \infty$ まで積分）すると次式となる。

$$\int_0^\infty R\frac{dq}{dt}e^{-st}dt + \int_0^\infty \frac{1}{C}qe^{-st}dt = \int_0^\infty Ee^{-st}dt \tag{10.6}$$

式(10.6)の第1項は，部分積分により次式が導かれる。

$$R\int_0^\infty \frac{dq}{dt}e^{-st}dt = R[qe^{-st}]_0^\infty + Rs\int_0^\infty qe^{-st}dt$$

$$= -Rq(0) + Rs\int_0^\infty qe^{-st}dt \tag{10.7}$$

ここで，$q(0)$ は $t=0$ のときのコンデンサの電荷で 0 であるから次式となる．

$$R\int_0^\infty \frac{dq}{dt} e^{-st} dt = Rs\int_0^\infty qe^{-st} dt \tag{10.8}$$

一方，右辺は次式で表される．

$$\int_0^\infty Ee^{-st} dt = E\left[-\frac{1}{s}e^{-st}\right]_0^\infty = -\frac{E}{s}(0-1) = \frac{E}{s} \tag{10.9}$$

以上より，式(10.6)は次式となる．

$$Rs\int_0^\infty qe^{-st} dt + \frac{1}{C}\int_0^\infty qe^{-st} dt = \frac{E}{s} \tag{10.10}$$

ここで

$$Q(s) = \mathcal{L}[q(t)] = \int_0^\infty qe^{-st} dt \tag{10.11}$$

とおくと，式(10.10)は次式となる．

$$RsQ(s) + \frac{1}{C}Q(s) = \frac{E}{s} \tag{10.12}$$

式(10.12)から電荷 $q(t)$ のラプラス変換 $Q(s)$ を求めると

$$Q(s) = \frac{E}{R}\frac{1}{s\left(s+\dfrac{1}{CR}\right)} \tag{10.13}$$

となり，この $Q(s)$ をラプラス逆変換すれば電荷 $q(t)$ が求められる．

ここでは，定義式(10.4)の複素積分をせずに，ラプラス逆変換を求めてみよう．まず，式(10.13)を次式のように部分分数に展開する．

$$Q(s) = CE\left(\frac{1}{s} - \frac{1}{s+\dfrac{1}{CR}}\right) \tag{10.14}$$

ここで，式(10.9)で $E=1$ と置けば，1 のラプラス変換は

$$\mathcal{L}[1] = \int_0^\infty 1e^{-st} dt = \frac{1}{s} \tag{10.15}$$

となるため

$$\mathcal{L}^{-1}\left[\frac{1}{s}\right] = 1 \tag{10.16}$$

また，式(10.15)で，s を $s+a$ に置き換えると

$$\int_0^\infty e^{-(s+a)t}dt = \int_0^\infty e^{-at}e^{-st}dt = \frac{1}{s+a} \tag{10.17}$$

となり，e^{-at} のラプラス変換が $1/(s+a)$ になる．したがって次式となる．

$$\mathcal{L}^{-1}\left[\frac{1}{s+a}\right] = e^{-at} \tag{10.18}$$

式(10.16)，式(10.18)より，$Q(s)$ のラプラス逆変換は以下のように求められる．

$$q(t) = \mathcal{L}^{-1}[Q(s)] = CE\left(\mathcal{L}^{-1}\left[\frac{1}{s}\right] - \mathcal{L}^{-1}\left[\frac{1}{s+\frac{1}{CR}}\right]\right)$$

$$= CE\left(1 - e^{-\frac{1}{CR}t}\right) \tag{10.19}$$

これは 8 章の微分方程式を解いて得られた解の式(8.32)と同じである．

図 10.2 は，このラプラス変換による解法を微分方程式による直接解法と比較したものである．この図からわかるように，ラプラス変換による解法は時間 (t) 領域から周波数 (s) 領域に変換して，特定の s についての応答を求めた

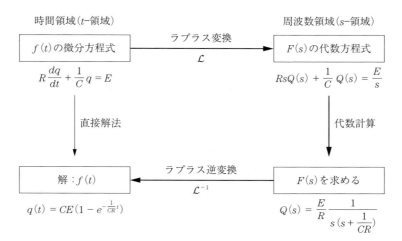

図 10.2 ラプラス変換による微分方程式の解法の流れ

後,ラプラス逆変換して解を求める。このため,直接解法と比べて遠回りで一見難解に見えるが,計算は代数計算のみで容易になる。

以上のことから,ラプラス変換は微分方程式の解析法としてきわめて有用なツールであることがわかる。また,ラプラス変換のもう一つの特徴は,回路解析に入出力関係を表す伝達関数の利用を可能にしたことである。この伝達関数に関しては,10.5節のラプラス変換の応用で説明する。

10.3 ラプラス変換と対関数

10.3.1 基本関数のラプラス変換

〔1〕 **ステップ関数** 図 10.3 の波形 $u(t)$ は

$$u(t) = \begin{cases} 0 & (t < 0) \\ 1 & (t \geq 0) \end{cases} \tag{10.20}$$

となり,**単位ステップ関数**といわれる。

$u(t)$ のラプラス変換は 1 のラプラス変換と同じとなり次式で表される。

$$\mathcal{L}[u(t)] = \int_0^\infty u(t)e^{-st}dt = \int_0^\infty 1e^{-st}dt = \frac{1}{s} \tag{10.21}$$

つぎに,図 10.4 に示すように,時刻 T だけずれたステップ関数のラプラス変換は次式で表される。

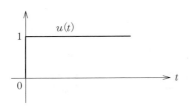

図 10.3 単位ステップ関数

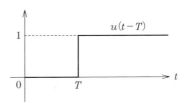

図 10.4 パルス波形のステップ関数への分解

$$\mathcal{L}[u(t-T)] = \int_T^\infty e^{-st}dt = \left[\frac{e^{-st}}{-s}\right]_T^\infty = \frac{e^{-Ts}}{s} \quad (10.22)$$

〔2〕 **デルタ関数**　図 10.5 は幅 a，高さ $1/a$ のパルスで，$a \to 0$ の極限では，幅が無限小で高さが無限大 (∞)，面積が 1 となる。すなわち，以下で表される。

$$\left.\begin{array}{l}\delta(t) = 0 \quad (t \neq 0) \\ \int_0^\infty \delta(t)dt = 1\end{array}\right\} \quad (10.23)$$

このような性質を持つ関数 $\delta(t)$ を**デルタ関数**という。パルス波形を**図 10.6** のようにステップ関数に分解すると，デルタ関数は次式となる。

$$\delta(t) = \lim_{a \to 0}\left\{\frac{1}{a}u(t) - \frac{1}{a}u(t-a)\right\} \quad (10.24)$$

したがって

$$\begin{aligned}\mathcal{L}[\delta(t)] &= \lim_{a \to 0}\frac{1}{a}\{\mathcal{L}[u(t)] - \mathcal{L}[u(t-a)]\} \\ &= \lim_{a \to 0}\frac{1}{a}\left(\frac{1}{s} - \frac{e^{-as}}{s}\right) \\ &= \lim_{a \to 0}\frac{1 - e^{-as}}{as}\end{aligned} \quad (10.25)$$

ここで，**ロピタルの定理**より

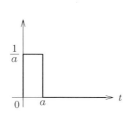

図 10.5　パルス波形
（幅 a，高さ $1/a$）

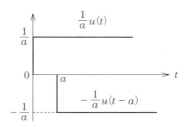

図 10.6　パルス波形のステップ関数
への分解

$$\mathcal{L}[\delta(t)] = \lim_{a \to 0} \frac{se^{-as}}{s} = \lim_{a \to 0} e^{-as} = 1 \tag{10.26}$$

となり，デルタ関数 $\delta(t)$ のラプラス変換は1となる。

ロピタルの定理

関数 $f(x)$, $g(x)$ が微分可能で，$f(a) = g(a) = 0$ のとき

$$\lim_{x \to a} \frac{f(x)}{g(x)} = \lim_{x \to a} \frac{f'(x)}{g'(x)}$$

が成立する。

〔3〕**指数関数**　指数関数 $f(t) = e^{at}$ のラプラス変換は次式となる。

$$\mathcal{L}[e^{at}] = \int_0^\infty e^{at} e^{-st} dt = \int_0^\infty e^{-(s-a)t} dt = \left[\frac{e^{-(s-a)t}}{-(s-a)} \right]_0^\infty = \frac{1}{s-a} \tag{10.27}$$

したがって，次式で表される。

$$\mathcal{L}[e^{\pm at}] = \frac{1}{s \mp a} \tag{10.28}$$

〔4〕**三角関数**　代表的な $\sin \omega t$ と $\cos \omega t$ のラプラス変換を求めてみる。まず，$\sin \omega t$ は指数関数を用いると

$$\sin \omega t = \frac{e^{j\omega t} - e^{-j\omega t}}{2j}$$

となり，式(10.28)の指数関数のラプラス変換を適用すれば次式となる。

$$\begin{aligned}\mathcal{L}[\sin \omega t] &= \frac{1}{2j} \mathcal{L}[e^{j\omega t} - e^{-j\omega t}] = \frac{1}{2j} \left(\frac{1}{s - j\omega} - \frac{1}{s + j\omega} \right) \\ &= \frac{1}{2j} \left\{ \frac{s + j\omega - (s - j\omega)}{s^2 + \omega^2} \right\} = \frac{\omega}{s^2 + \omega^2} \end{aligned} \tag{10.29}$$

同様にして，$\cos \omega t$ のラプラス変換は次式で表される。

$$\mathcal{L}[\cos \omega t] = \mathcal{L}\left[\frac{e^{j\omega t} + e^{-j\omega t}}{2}\right] = \frac{1}{2}\left(\frac{1}{s - j\omega} + \frac{1}{s + j\omega}\right)$$
$$= \frac{s}{s^2 + \omega^2} \tag{10.30}$$

10.3.2 ラプラス対関数

t-領域の関数 $f(t)$ をラプラス変換して得られる s-領域の関数を $F(s)$ とすると,$F(s)$ のラプラス逆変換は $f(t)$ となる.例えば,1 と $\sin \omega t$ については

$$\begin{array}{cc} f(t) & F(s) \\ 1 & \underset{\mathcal{L}^{-1}}{\overset{\mathcal{L}}{\rightleftarrows}} \quad \dfrac{1}{s} \end{array} \qquad \begin{array}{cc} f(t) & F(s) \\ \sin \omega t & \underset{\mathcal{L}^{-1}}{\overset{\mathcal{L}}{\rightleftarrows}} \quad \dfrac{\omega}{s^2 + \omega^2} \end{array}$$

となる.この $f(t)$ と $F(s)$ の組合せを**ラプラス対関数**といい,ラプラス逆変換はこの対関数を利用して求められる.**表 10.1** は電気電子工学でよく用いられる代表的な関数のラプラス変換の対関数表である(より詳しい対関数は専門書を参照).したがって,実際に電気電子工学の問題をラプラス変換を用いて解

表10.1 ラプラス対関数表

	$f(t)$	$F(s)$		$f(t)$	$F(s)$
(1)	$\delta(t)$	1	(9)	$\dfrac{e^{-at} - e^{-bt}}{b - a}$	$\dfrac{1}{(s+a)(s+b)}$
(2)	1	$\dfrac{1}{s}$	(10)	$\sin \omega t$	$\dfrac{\omega}{s^2 + \omega^2}$
(3)	C(定数)	$\dfrac{C}{s}$	(11)	$\cos \omega t$	$\dfrac{s}{s^2 + \omega^2}$
(4)	t	$\dfrac{1}{s^2}$	(12)	$\sin(\omega t \pm \varphi)$	$\dfrac{\omega \cos \varphi \pm s \sin \varphi}{s^2 + \omega^2}$
(5)	t^n	$\dfrac{n!}{s^{n+1}}$	(13)	$\cos(\omega t \pm \varphi)$	$\dfrac{s \cos \varphi \mp \omega \sin \varphi}{s^2 + \omega^2}$
(6)	$e^{\pm at}$	$\dfrac{1}{s \mp a}$	(14)	$\sinh at$	$\dfrac{a}{s^2 - a^2}$
(7)	$te^{\pm at}$	$\dfrac{1}{(s \mp a)^2}$	(15)	$\cosh at$	$\dfrac{s}{s^2 - a^2}$
(8)	$\dfrac{1 - e^{-at}}{a}$	$\dfrac{1}{s(s+a)}$			

く場合，表10.1の対関数を利用するのが一般的である。

10.4 ラプラス変換に関する定理

ここでは，ラプラス変換に関する性質や諸定理について説明する（定理の証明は専門書を参照）。

〔1〕 **関数の定数倍のラプラス変換** 関数 $f(t)$ に定数 k を掛けたもののラプラス変換は，$f(t)$ のラプラス変換に k を掛けたものに等しい。

$$\mathcal{L}[kf(t)] = k\mathcal{L}[f(t)] = F(s) \tag{10.31}$$

〔2〕 **加法定理** ラプラス変換は線形性が成立し，関数の和のラプラス変換は個々のラプラス変換の和となる。

$$\mathcal{L}[f_1(t) + f_2(t)] = \mathcal{L}[f_1(t)] + \mathcal{L}[f_2(t)] = F_1(s) + F_2(s) \tag{10.32}$$

〔3〕 **微分定理** 関数 $f(t)$ の微分 $df(t)/dt$ のラプラス変換は次式となる。

$$\mathcal{L}\left[\frac{df(t)}{dt}\right] = s\mathcal{L}[f(t)] - f(0) = sF(s) - f(0) \tag{10.33}$$

これより，インダクタンス L のコイルの電圧 Ldi/dt のラプラス変換は，$\mathcal{L}[i(t)] = I(s)$ とおくと次式で表される。

$$\mathcal{L}\left[L\frac{di}{dt}\right] = L\{sI(s) - i(0)\} = LsI(s) - Li(0) \tag{10.34}$$

〔4〕 **積分定理** 関数 $f(t)$ の積分 $\int f(t)dt$ のラプラス変換は次式となる。

$$\mathcal{L}\left[\int f(t)dt\right] = \frac{\mathcal{L}[f(t)]}{s} + \int f(t)dt\bigg|_{t=0} = \frac{F(s)}{s} + \int f(t)dt\bigg|_{t=0} \tag{10.35}$$

これより，キャパシタンス C のコンデンサの電圧 $q/C = \int i dt / C$ のラプラス変換は次式で表される．

$$\mathcal{L}\left[\frac{\int i dt}{C}\right] = \frac{1}{C}\left\{\frac{I(s)}{s} + q(0)\right\} = \frac{I(s)}{Cs} + \frac{q(0)}{C} \tag{10.36}$$

また，定積分のラプラス変換は

$$\mathcal{L}\left[\int_0^t f(t)dt\right] = \frac{F(s)}{s} \tag{10.37}$$

〔5〕 **推 移 定 理** 関数 $f(t)$ が時刻 a だけ遅れた関数 $f(t-a)$ のラプラス変換は次式となる．

$$\mathcal{L}[f(t-a)] = e^{-sa}F(s) \tag{10.38}$$

これは以下のようにして簡単に求められる．

$$\mathcal{L}[f(t-a)] = \int_0^\infty f(t-a)e^{-st}dt \tag{10.39}$$

ここで，$t - a = \tau$ とおくと，$t = \tau + a$, $dt = d\tau$ となり，次式が導かれる．

$$\mathcal{L}[f(t-a)] = \int_0^\infty f(\tau)e^{-s(\tau+a)}d\tau = e^{-sa}\int_0^\infty f(\tau)e^{-s\tau}d\tau = e^{-sa}F(s) \tag{10.40}$$

また，周波数領域で $s \to s - a$ に推移したときのラプラス逆変換は

$$\mathcal{L}^{-1}[F(s-a)] = e^{at}f(t) \tag{10.41}$$

なぜなら

$$\mathcal{L}[e^{at}f(t)] = \int_0^\infty e^{at}f(t)e^{-st}dt = \int_0^\infty f(t)e^{-(s-a)t}dt = F(s-a) \tag{10.42}$$

〔6〕 **相似定理** 関数 $f(at)$ および $f(t/a)$ のラプラス変換は以下となる。

$$\mathcal{L}[f(at)] = \frac{1}{a} F\left(\frac{s}{a}\right) \tag{10.43}$$

$$\mathcal{L}\left[f\left(\frac{t}{a}\right)\right] = aF(as) \tag{10.44}$$

これは時間軸での拡大，縮小は，周波数軸での縮小，拡大に相当するため**スケール変換**ともいわれる。

〔7〕 **たたみ込みの定理** 二つの関数 $f_1(t)$, $f_2(t)$ のたたみ込み積分 $f_1(t)*f_2(t)$ は次式で定義される。

$$f_1(t)*f_2(t) = \int_0^t f_1(\tau)f_2(t-\tau)d\tau = \int_0^t f_1(t-\tau)f_2(\tau)d\tau \tag{10.45}$$

このたたみ込み積分のラプラス変換は次式となる。

$$\mathcal{L}[f_1(t)*f_2(t)] = F_1(s) \cdot F_2(s) \tag{10.46}$$

〔8〕 **初期値および最終値の定理** 〔3〕の微分定理より

$$\int_0^\infty \frac{df(t)}{dt} e^{-st} dt = sF(s) - f(0) \tag{10.47}$$

これより

$$f(0) = sF(s) - \int_0^\infty \frac{df(t)}{dt} e^{-st} dt \tag{10.48}$$

式(10.48)で，$s \to \infty$ の極限値をとると

$$f(0) = \lim_{s \to \infty} sF(s) - \lim_{s \to \infty} \int_0^\infty \frac{df(t)}{dt} e^{-st} dt \tag{10.49}$$

ここで

$$\lim_{s \to \infty} \int_0^\infty \frac{df(t)}{dt} e^{-st} dt = 0 \tag{10.50}$$

となるため

$$f(0) = \lim_{s \to \infty} sF(s) \tag{10.51}$$

式(10.51)を**初期値定理**といい，ラプラス変換のままで初期値が求められる．

一方，式(10.47)で，$s \to 0$ の極限値をとると次式となる．

$$\lim_{s \to 0} \int_0^\infty \frac{df(t)}{dt} e^{-st} dt = \lim_{s \to 0} sF(s) - f(0) \tag{10.52}$$

ここで，左辺の積分は

$$\lim_{s \to 0} \int_0^\infty \frac{df(t)}{dt} e^{-st} dt = \int_0^\infty \frac{df(t)}{dt} \cdot 1 \, dt = \int_0^\infty df(t) = f(\infty) - f(0) \tag{10.53}$$

となり，これと式(10.52)より，次式の**最終値定理**が求められる．

$$f(\infty) = \lim_{s \to 0} sF(s) \tag{10.54}$$

表10.2にラプラス変換に関する諸定理をまとめて示す．

表10.2 ラプラス変換に関する定理

	名 前	$f(t)$	$F(s)$
(1)	加法定理	$k_1 f_1(t) + k_2 f_2(t)$	$k_1 F_1(s) + k_2 F_2(s)$
(2)	微分定理	$\dfrac{df(t)}{dt}$ $\dfrac{d^n f(t)}{dt^n}$	$sF(s) - f(0)$ $s^n F(s) - \sum_{k=0}^{n-1} s^{n-k-1} \dfrac{d^k f(t)}{dk}\bigg]_{t=0}$
(3)	積分定理	$\int f(t) dt$ $\int_0^t f(\tau) d\tau$	$\dfrac{F(s)}{s} + \dfrac{1}{s}\int f(t)dt\bigg]_{t=0}$ $\dfrac{F(s)}{s}$
(4)	推移定理	$f(t-a)$ $e^{-at} f(t)$	$e^{-as} F(s)$ $F(s+a) \quad (a > 0)$
(5)	相似定理 （スケール変換）	$f(at)$ $f\left(\dfrac{t}{a}\right)$	$\dfrac{1}{a} F\left(\dfrac{s}{a}\right)$ $aF(as) \quad (a > 0)$
(6)	たたみ込みの定理	$\int_0^t f_1(\tau) f_2(t-\tau) d\tau$	$F_1(s) F_2(s)$
(7)	初期値定理	$\lim_{t \to 0} f(t) = \lim_{s \to \infty} sF(s)$	
(8)	最終値定理	$\lim_{t \to \infty} f(t) = \lim_{s \to 0} sF(s)$	

10.5　ラプラス逆変換

　ラプラス変換法で問題を解くとき，最終的には周波数領域の解 $F(s)$ をラプラス逆変換して，時間領域の解 $f(t)$ を求めることになる。

　ラプラス逆変換は，通常ラプラス対関数を用い，必要に応じて定理を利用して行う。しかし，ラプラス変換の解が s の高次の多項式の場合，以下に示す部分分数展開あるいは留数演算を利用してラプラス逆変換を行う。

10.5.1　部分分数展開

　これはラプラス対関数を利用できるように，ラプラス変換 $F(s)$ を部分分数に展開する計算法である。

　いま，以下のラプラス変換 $F(s)$ を考える。

$$F(s) = \frac{3s + 5}{s^2 + 3s + 2} \tag{10.55}$$

式(10.55)の分母は $(s+1)(s+2)$ となるので，部分分数に展開すると次式となる。

$$F(s) = \frac{2}{s+1} + \frac{1}{s+2} \tag{10.56}$$

したがって，ラプラス逆変換は次式のように求められる。

$$\mathcal{L}^{-1}[F(s)] = \mathcal{L}^{-1}\left[\frac{2}{s+1}\right] + \mathcal{L}^{-1}\left[\frac{1}{s+2}\right] = 2e^{-t} + e^{-2t} \tag{10.57}$$

つぎに，分母が重複解を持つ場合について考えよう。

$$F(s) = \frac{2s + 1}{s^2 + 2s + 1} \tag{10.58}$$

式(10.58)の分母は $(s+1)^2$ となり，$s = -1$ の重複解を持つので，部分分数に展開すると次式となる。

$$F(s) = \frac{2}{s+1} - \frac{1}{(s+1)^2} \tag{10.59}$$

したがって，ラプラス逆変換は次式のように求められる．

$$\mathcal{L}^{-1}[F(s)] = \mathcal{L}^{-1}\left[\frac{2}{s+1}\right] + \mathcal{L}^{-1}\left[\frac{1}{(s+1)^2}\right] = 2e^{-t} - te^{-t} \quad (10.60)$$

以上の部分分数展開による計算法は，$F(s)$ の分子の s の次数が分母の次数より小さいことが必要で，そうでないときは，あらかじめ除算して分子の次数を分母より低くする必要がある．

10.5.2 留 数 演 算

ラプラス逆変換は式(10.4)の複素積分で与えられるが，**留数定理**を用いると，$F(s)e^{st}$ の極における**留数**として計算できる（詳細は専門書を参照）．

いま，s_1 が r 位の極のとき，ラプラス逆変換は次式で計算できる．

$$f(t) = \frac{1}{(r-1)!} \frac{d^{r-1}}{ds^{r-1}}\{(s-s_1)^r F(s)e^{st}\}\bigg|_{s=s_1} \quad (10.61)$$

また，s_1 が1位の極のとき次式となる．

$$f(t) = (s-s_1)F(s)e^{st}\big|_{s=s_1} \quad (10.62)$$

複数の極が存在するときは，各極についての留数の総和となる．以下に，実際の計算の仕方について，具体例を挙げて説明する．

部分分数展開で用いた式(10.55)のラプラス変換 $F(s)$ を逆変換してみよう．

$$F(s) = \frac{3s+5}{s^2+3s+2}$$

上式の分母は

$$s^2 + 3s + 2 = (s+1)(s+2) = 0$$

より，$s = -1, -2$ の二つの1位の極を持つ．したがって，式(10.62)より

$$\mathcal{L}^{-1}[F(s)] = (s+1)\frac{3s+5}{(s+1)(s+2)}e^{st}\bigg|_{s=-1}$$

$$+ (s+2)\frac{3s+5}{(s+1)(s+2)}e^{st}\bigg|_{s=-2}$$

$$= \frac{3s+5}{s+2}e^{st}\Big]_{s=-1} + \frac{3s+5}{s+1}e^{st}\Big]_{s=-2}$$
$$= 2e^{-t} + e^{-2t} \quad (10.63)$$

となり，式(10.57)と同じ結果となる。

つぎに，重複極を持つ場合として，式(10.58)のラプラス逆変換を求めてみる。

$$F(s) = \frac{2s+1}{s^2+2s+1}$$

上式の分母は

$$s^2 + 2s + 1 = (s+1)^2 = 0$$

より，$s = -1$ の2位の極を持つ。したがって，ラプラス逆変換は，式(10.61)より

$$\mathcal{L}^{-1}[F(s)] = \frac{d}{ds}\left\{(s+1)^2 \frac{2s+1}{(s+1)^2} e^{st}\right\}\Big]_{s=-1}$$
$$= \frac{d}{ds}\{(2s+1)e^{st}\}\Big]_{s=-1}$$
$$= 2e^{st}\big]_{s=-1} + (2s+1)te^{st}\big]_{s=-1}$$
$$= 2e^{-t} - te^{-t} \quad (10.64)$$

となり，式(10.60)と同じ結果が得られる。

10.6　ラプラス変換の応用例

10.6.1　回路の伝達関数

図 10.7 の回路は，10.2 節のラプラス変換による解析例で取り上げた CR 直列回路で，コンデンサ C の初期電荷 $q(0) = 0$ とする。回路電流を $i(t)$ とすると，入力電圧 $V_\mathrm{i}(t)$ および出力電圧 $V_\mathrm{o}(t)$ は以下で表される。

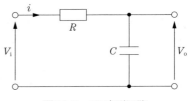

図 10.7　CR 直列回路

10.6 ラプラス変換の応用例

$$\left.\begin{array}{l} V_i(t) = Ri(t) + \dfrac{1}{C}\int i(t)dt \\ V_o(t) = \dfrac{1}{C}\int i(t)dt \end{array}\right\} \quad (10.65)$$

式(10.56)をラプラス変換すると以下のようになる。

$$\left.\begin{array}{l} V_i(s) = RI(s) + \dfrac{I(s)}{Cs} \\ V_o(s) = \dfrac{I(s)}{Cs} \end{array}\right\} \quad (10.66)$$

ただし，$V_i(s) = \mathcal{L}[V_i(t)]$，$V_o(s) = \mathcal{L}[V_o(t)]$，$I(s) = \mathcal{L}[i(t)]$である。ここで，$V_o(s)$と$V_i(s)$の比を$H(s)$とおくと次式で表せる。

$$H(s) = \frac{V_o(s)}{V_i(s)} = \frac{\dfrac{I(s)}{Cs}}{RI(s) + \dfrac{I(s)}{Cs}} = \frac{1}{CRs + 1} \quad (10.67)$$

この$H(s)$は**伝達関数**といわれ，回路の入出力特性を表す。式(10.67)で，$s = j\omega$を代入し，$\omega_0 = 1/CR$とおくと，次式のように複素量となる。

$$H(j\omega) = \frac{1}{1 + j\omega CR} = \frac{1}{1 + j\dfrac{\omega}{\omega_0}} = G(\omega)e^{j\phi(\omega)} \quad (10.68)$$

ここで

$$G(\omega) = \frac{1}{\sqrt{1 + \left(\dfrac{\omega}{\omega_0}\right)^2}} \quad (10.69)$$

$$\phi(\omega) = -\tan^{-1}\frac{\omega}{\omega_0} \quad (10.70)$$

となり，$G(\omega)$と$\phi(\omega)$は入出力間の振幅と位相の周波数特性を表す。$G(\omega)$は通常次式のようにデシベルで表される。

$$\begin{aligned} g(\omega) &= 20 \log G(\omega) = 20 \log \frac{1}{\sqrt{1 + \left(\dfrac{\omega}{\omega_0}\right)^2}} \\ &= -20 \log \sqrt{1 + \left(\dfrac{\omega}{\omega_0}\right)^2} \quad [\mathrm{dB}] \end{aligned} \quad (10.71)$$

図 10.8 は，**ゲイン特性** $g(\omega)$ と**位相特性** $\phi(\omega)$ を，横軸に角周波数を対数目盛で表示したもので，**ボード線図**といわれる。この図から，低周波領域 ($\omega/\omega_0 \ll 1$) ではゲイン 0 で，振幅は周波数に関係なく一定となるが，周波数が高くなると減衰が始まり，高周波領域 ($\omega/\omega_0 \gg 1$) ではゲインは $-20\,\mathrm{dB}/\mathrm{dec}^\dagger$ で減衰することがわかる。一方，位相は低周波領域では 0 deg で，周波数が高くなるにつれて遅れ始め，高周波領域では 90 deg の遅れとなる。

したがって，図 10.7 の CR 直列回路は**低域通過フィルタ** (low pass filter, LPF) となる。遮断周波数は $f_0 = \omega_0/2\pi = 1/2\pi CR$ で，このときゲイン $g = -3\,\mathrm{dB}$，位相 $\phi = 45\,\mathrm{deg}$ となる。

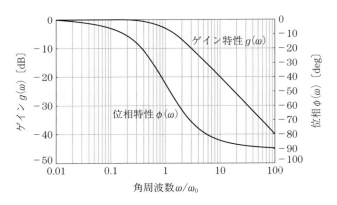

図 10.8 ボード線図

10.6.2 回路の過渡現象

図 10.9 の LC 直列回路で，電源 e がステップ電圧 $Eu(t)$ のとき，コンデンサとコイルの電圧 $V_C(t)$，$V_L(t)$ の時間変化を求めよ。ただし，コンデンサの初期電荷 $q(0) = 0$ とする。

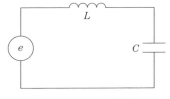

図 10.9 LC 直列回路

---

† dec は 10 を表すデケード (dccade) の略で，10 倍の周波数の変化を表す。ちなみに，2 倍の周波数変化を 1 オクターブ (octave) という。

回路方程式は次式となる。

$$V_L(t) + V_C(t) = L\frac{di}{dt} + \frac{q}{C} = E \tag{10.72}$$

式(10.72)は，$i = dq/dt$ より

$$L\frac{d^2q}{dt^2} + \frac{q}{C} = E \tag{10.73}$$

となり，2階の微分方程式で表される。$Q(s) = \mathcal{L}[q(t)]$ として，式(10.73)をラプラス変換すると次式となる。

$$Ls^2Q(s) - sq(0) - i(0) + \frac{Q(s)}{C} = \frac{E}{s} \tag{10.74}$$

題意より，$q(0) = 0$，$i(0) = 0$ であるから

$$Ls^2Q(s) + \frac{Q(s)}{C} = \frac{E}{s} \tag{10.75}$$

式(10.75)から $Q(s)$ を求めると次式が導かれる。

$$Q(s) = \frac{E}{L}\frac{1}{s\left(s^2 + \dfrac{1}{LC}\right)} = CE\left(\frac{1}{s} - \frac{s}{s^2 + \dfrac{1}{LC}}\right) \tag{10.76}$$

ここで，各項のラプラス逆変換は

$$\mathcal{L}^{-1}\left[\frac{1}{s}\right] = 1, \qquad \mathcal{L}^{-1}\left[\frac{s}{s^2 + \dfrac{1}{LC}}\right] = \cos\frac{t}{\sqrt{LC}}$$

であるから，電荷の時間変化 $q(t)$ は次式となる。

$$q(t) = \mathcal{L}^{-1}[Q(s)] = CE(1 - \cos\omega_0 t) \tag{10.77}$$

ただし，$\omega_0 = 1/\sqrt{LC}$ である。

したがって，$V_C(t)$ と $V_L(t)$ は以下のように求められる。

$$V_C(t) = \frac{q(t)}{C} = E(1 - \cos\omega_0 t) \tag{10.78}$$

$$V_L(t) = E - V_C(t) = E\cos\omega_0 t \tag{10.79}$$

これらの電圧の時間変化を図 10.10 に示す。いずれの電圧も正弦的に振動するが，V_C は 0〜$2E$ の間で変化するため，この回路は**倍電圧発生回路**として利

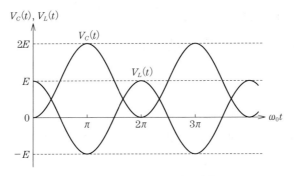

図 10.10 V_C と V_L の時間変化

用される。

なお,この回路は 8 章の演習問題【5】の回路と同じで,そこでの微分方程式による直接解析法と比較すれば,ラプラス変換の有用性がわかる。

10.7 z 変 換

これまではアナログ波形を扱ってきたが,ここでは図 10.11 に示すような時間間隔 T のパルス列からなる波形のラプラス変換を考えてみよう。

このパル列波形 $x(t)$ は,デルタ関数 $\delta(t)$ を用いて次式で表される。

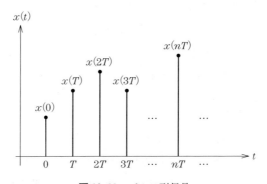

図 10.11 パルス列信号

$$x(t) = x(0)\delta(t) + x(T)\delta(t-T) + x(2T)\delta(t-2T) + \cdots$$
$$+ x(nT)\delta(t-nT) + \cdots$$
$$= \sum_{n=0}^{\infty} x(nT)\delta(t-nT) \tag{10.80}$$

ここで，$\delta(t-nT)$ は $t=nT$ での単位インパルスを表す．式(10.80)のラプラス変換は，$X(s) = \mathcal{L}[x(t)]$ とおくと，次式となる．

$$X(s) = \int_0^\infty \{\sum_{n=0}^{\infty} x(nT)\delta(t-nT)\}e^{-st}dt$$
$$= \sum_{n=0}^{\infty} x(nT)\int_0^\infty \delta(t-nT)e^{-st}dt \tag{10.81}$$

右辺の積分は，$\mathcal{L}[\delta(t)] = 1$ に推移定理を適用すると

$$\int_0^\infty \delta(t-nT)e^{-st}dt = \mathcal{L}[\delta(t)]e^{-nTs} = e^{-nTs}$$

となり，式(10.81)は次式で表される．

$$X(s) = \sum_{n=0}^{\infty} x(nT)e^{-nTs} = \sum_{n=0}^{\infty} x(nT)(e^{sT})^{-n} \tag{10.82}$$

ここで，$z = e^{sT}$ とおき，$x(nT)$ を $x(n)$ と表記すれば

$$X(z) = \sum_{n=0}^{\infty} x(n)z^{-n} \tag{10.83}$$

となり，この $X(z)$ を $x(n)$ の **z 変換** という．z は z 変換の演算子で，z^{-n} は nT 時間の遅れを表す．例えば，$n=-1$ のとき

$$x(n) \longrightarrow \boxed{z^{-1}} \longrightarrow x(n-1)$$

となり，z^{-1} を **遅延演算子** と呼ぶ．

以上より，アナログ領域ではラプラス変換を用いるが，ディジタル領域では z 変換を用いる．

z 変換を理解するために，応用例としてディジタルフィルタを取り上げてみよう．いま，周期 T の時系列信号 $x(n)$ の出力 $y(n)$ が次式で与えられるとする．

$$y(n) = \frac{1}{2}\{x(n) + x(n-1)\} \tag{10.84}$$

これは，ある時刻の入力と一つ前（T 時間遅れ）の入力の平均値を出力するもので，いわゆる**移動平均法**といわれる信号処理法である。

式(10.84)を z 変換すると次式となる。

$$Y(z) = \frac{1}{2}\{X(z) + X(z)z^{-1}\} = \frac{1}{2}(1 + z^{-1})X(z) \tag{10.85}$$

ここで

$$H(z) = \frac{1}{2}(1 + z^{-1}) \tag{10.86}$$

とおくと

$$Y(z) = H(z)X(z) \tag{10.87}$$

となり，$H(z)$ は入出力間の関係を表す**伝達関数**となる。この伝達関数の周波数特性を調べるには，$s = j\omega$ として，$z = e^{sT} = e^{j\omega T}$ を式(10.86)へ代入することにより求められる。このとき

$$H(j\omega) = \frac{1}{2}(1 + e^{-j\omega T}) = \frac{1}{2}\{(1 + \cos \omega T) - j \sin \omega T\} = G(\omega)e^{j\phi(\omega)} \tag{10.88}$$

となり，ゲイン特性 $g(\omega)$ と位相特性 $\phi(\omega)$ は以下で与えられる。

$$g(\omega) = 20 \log G(\omega) = 20 \log \left\{\frac{1}{2}\sqrt{(1 + \cos \omega T)^2 + \sin^2 \omega T}\right\}$$

$$= 20 \log \left\{\frac{1}{2}\sqrt{2(1 + \cos \omega T)}\right\} = 20 \log\left(\cos \frac{\omega T}{2}\right) \tag{10.89}$$

$$\phi(\omega) = \tan^{-1}\left(\frac{-\sin \omega T}{1 + \cos \omega T}\right) = \tan^{-1}\left(\frac{-\sin \frac{\omega T}{2} \cos \frac{\omega T}{2}}{\cos^2 \frac{\omega T}{2}}\right)$$

$$= \tan^{-1}\left\{-\tan\left(\frac{\omega T}{2}\right)\right\} = -\frac{\omega T}{2} \tag{10.90}$$

図 10.12 は，具体的数値例として，周期 $T = 1$ ms（A/D 変換のサンプリング周波数 1 kHz に相当）のときのゲインを横軸に周波数 f をとって表したものである。これより，出力信号は周波数が 100 Hz を超えるあたりから急激に減衰することがわかる。したがって，式(10.84)による移動平均法は**低域通過フ**

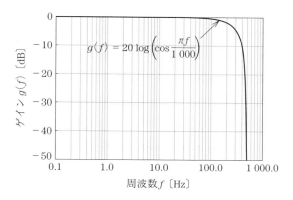

図 10.12 ゲインの周波数特性

ィルタ (LPF) に相当することがわかる。このように，時系列信号を演算処理してフィルタリングする方式をディジタルフィルタという。

以上のことから，z 変換はディジタル領域での信号の処理，解析にきわめて有用なツールであることがわかる。z 変換の詳細に関しては専門書を参照されたい。

演 習 問 題

【1】以下の関数のラプラス変換を求めよ。
　　（1）$e^{j\omega t}$　　（2）e^{-2t}　　（3）$\sin 2t$　　（4）$e^{-t}\sin 2t$

【2】以下の波形のラプラス変換を求めよ。

(1)

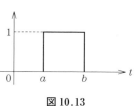

図 10.13

(2)

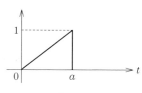

図 10.14

【3】以下の波形のラプラス変換を求めよ。

(1)

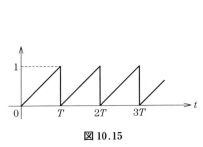

図 10.15

(2)

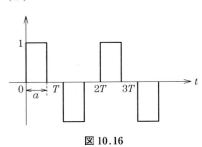

図 10.16

【4】以下の関数のラプラス逆変換を部分分数展開および留数演算を用いて求めよ。

(1) $\dfrac{1}{s^2+3s+2}$ (2) $\dfrac{2s+1}{s^2+2s+1}$ (3) $\dfrac{3s^2-4}{(s^2+4)(s+2)^2}$

【5】図 10.17 の回路で，スイッチSを閉じた後の回路電流 $i(t)$ を以下の条件で求めよ。

(1) 電源が直流電源 $e(t)=Eu(t)$ のステップ電圧で，コンデンサの初期電圧を V_0〔V〕とする。

(2) 電源が交流電源 $e(t)=E\sin\omega t$ で，コンデンサの初期電圧を 0 V とする。

【6】時系列入力信号 $x(n)$ と出力 $y(n)$ の関係が $y(n)=\dfrac{1}{2}\{x(n)-x(n-1)\}$ で与えられるとき，ゲイン特性 $g(\omega)$ と位相特性 $\phi(\omega)$ を求めよ。また，周期 $T=1$ ms のときのゲイン特性 $g(f)$ を図示し，その周波数特性を調べよ。

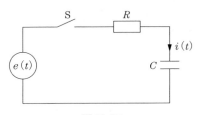

図 10.17

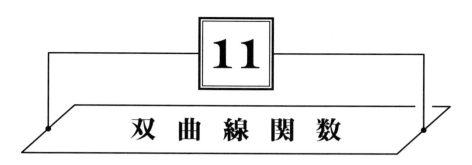

11 双曲線関数

双曲線関数は分布定数回路解析や二端子対回路の映像パラメータに用いられ，電気電子工学ではしばしば登場する関数である．本章では，双曲線関数の定義とグラフおよび公式について説明した後，応用例として送電線路の解析と架空電線の形状について紹介する．

11.1 双曲線関数とは

双曲線関数（hyperbolic function）は，指数関数 $e^{\pm x}$ を用いて以下のように定義される関数である．

$$\left.\begin{aligned}\sinh x &= \frac{e^x - e^{-x}}{2} \\ \cosh x &= \frac{e^x + e^{-x}}{2} \\ \tanh x &= \frac{\sinh x}{\cosh x} = \frac{e^x - e^{-x}}{e^x + e^{-x}}\end{aligned}\right\} \quad (11.1)$$

これらの関数は，sinh（ハイパボリックサイン）は**双曲正弦**，cosh（ハイパボリックコサイン）は**双曲余弦**，そして tanh（ハイパボリックタンジェント）は**双曲正接**と呼ばれる．

いま，$X = \cosh x$，$Y = \sinh x$ とおくと

$$\left.\begin{aligned}X^2 &= \cosh^2 x = \left(\frac{e^x + e^{-x}}{2}\right)^2 = \frac{e^{2x} + 2 + e^{-2x}}{4} \\ Y^2 &= \sinh^2 x = \left(\frac{e^x - e^{-x}}{2}\right)^2 = \frac{e^{2x} - 2 + e^{-2x}}{4}\end{aligned}\right\} \quad (11.2)$$

両者の差をとると
$$X^2 - Y^2 = 1 \tag{11.3}$$
となり，双曲線の式が得られる。すなわち，$\sinh x$，$\cosh x$ は双曲線上を動くことから双曲線関数といわれる。この双曲線関数は，送電線や通信線路を扱う分布定数回路の電圧や電流の計算などに登場する。

11.2 双曲線関数のグラフ

双曲線関数には，式(11.1)の三つの関数に加えて，それらの逆数で定義される以下の三つの関数がある。

$$\left.\begin{array}{l} \operatorname{cosech} x = \dfrac{1}{\sinh x} = \dfrac{2}{e^x - e^{-x}} \\[4pt] \operatorname{sech} x = \dfrac{1}{\cosh x} = \dfrac{2}{e^x + e^{-x}} \\[4pt] \coth x = \dfrac{1}{\tanh x} = \dfrac{e^x + e^{-x}}{e^x - e^{-x}} \end{array}\right\} \tag{11.4}$$

これら六つの双曲線関数のグラフを**図 11.1** に示す。この図からわかるように，双曲線関数は三角関数のように周期性はなく，また，変数 x は**双曲角**ともいうが，三角関数で扱うような角度とはまったく異なるものである。

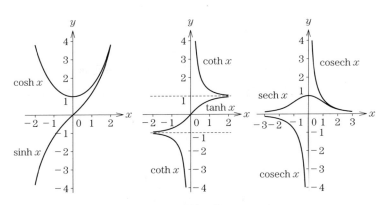

図 11.1 双曲線関数のグラフ

11.3 双曲線関数の公式

双曲線関数に関する公式は，三角関数の場合と形はよく似ているが，符号や順序が違うものがあるので，混同しないように注意が必要である．なお，ここで紹介するのは，一般によく用いられる $\sinh x$, $\cosh x$ および $\tanh x$ に関する主要なもので，それ以外の諸公式は専門書を参照されたい．

〔1〕 **双曲線関数の性質** まず，負の双曲角については次式となる．

$$\sinh(-x) = \frac{e^{(-x)} - e^{-(-x)}}{2} = -\frac{e^x - e^{-x}}{2} = -\sinh x \quad (11.5)$$

同様に計算すると，以下の関係が成立する．

$$\left.\begin{array}{l} \sinh(-x) = -\sinh x \\ \cosh(-x) = \cosh x \\ \tanh(-x) = -\tanh x \end{array}\right\} \quad (11.6)$$

図 11.1 からもわかるように，$\cosh x$ は偶関数で，$\sinh x$ および $\tanh x$ は奇関数である．また，式(11.1)より

$$\cosh x \pm \sinh x = \frac{e^x + e^{-x}}{2} \pm \frac{e^x - e^{-x}}{2} = e^{\pm x}$$

となり，指数関数 $e^{\pm x}$ は双曲線関数を用いて次式のように表される．

$$e^{\pm x} = \cosh x \pm \sinh x \quad (11.7)$$

さらに，$(e^{\pm x})^n = e^{\pm nx}$ より，以下の関係式が成立する．

$$(\cosh x \pm \sinh x)^n = \cosh nx \pm \sinh nx \quad (11.8)$$

以下に，双曲線関数についての主要な公式を示す．

〔2〕 **双曲線関数の二乗の間の関係**

$$\left.\begin{array}{l} \cosh^2 x - \sinh^2 x = 1 \\ 1 - \tanh^2 x = \mathrm{sech}^2 x \\ \coth^2 x - 1 = \mathrm{cosech}^2 x \end{array}\right\} \quad (11.9)$$

〔3〕 **加法定理**

$$\left.\begin{array}{l}\sinh(x \pm y) = \sinh x \cosh y \pm \cosh x \sinh y \\ \cosh(x \pm y) = \cosh x \cosh y \pm \sinh x \sinh y \\ \tanh(x \pm y) = \dfrac{\tanh x \pm \tanh y}{1 \pm \tanh x \tanh y}\end{array}\right\} \quad (11.10)$$

〔4〕 **倍双曲角の公式**

$$\left.\begin{array}{l}\sinh 2x = 2 \sinh x \cosh x \\ \cosh 2x = \cosh^2 x + \sinh^2 x = 1 + 2\sinh^2 x = 2\cosh^2 x - 1 \\ \tanh 2x = \dfrac{2 \tanh x}{1 + \tanh^2 x}\end{array}\right\}$$

(11.11)

〔5〕 **双曲線関数の積を和に変換**

$$\left.\begin{array}{l}\sinh x \sinh y = \dfrac{1}{2}\{\cosh(x+y) - \cosh(x-y)\} \\ \sinh x \cosh y = \dfrac{1}{2}\{\sinh(x+y) + \sinh(x-y)\} \\ \cosh x \sinh y = \dfrac{1}{2}\{\sinh(x+y) - \sinh(x-y)\} \\ \cosh x \cosh y = \dfrac{1}{2}\{\cosh(x+y) + \cosh(x-y)\}\end{array}\right\} \quad (11.12)$$

〔6〕 **双曲線関数の和を積に変換**

$$\left.\begin{array}{l}\sinh x + \sinh y = 2 \sinh \dfrac{x+y}{2} \cosh \dfrac{x-y}{2} \\ \sinh x - \sinh y = 2 \cosh \dfrac{x+y}{2} \sinh \dfrac{x-y}{2} \\ \cosh x + \cosh y = 2 \cosh \dfrac{x+y}{2} \cosh \dfrac{x-y}{2} \\ \cosh x - \cosh y = 2 \sinh \dfrac{x+y}{2} \sinh \dfrac{x-y}{2}\end{array}\right\} \quad (11.13)$$

〔7〕 双曲線関数の微分

$$\left.\begin{array}{l}\dfrac{d}{dx}\sinh x = \cosh x \\[4pt] \dfrac{d}{dx}\cosh x = \sinh x \\[4pt] \dfrac{d}{dx}\tanh x = \mathrm{sech}^2 x \end{array}\right\} \qquad (11.14)$$

以上の双曲線関数の公式は定義式(11.1)と式(11.4)の指数関数を計算することによって求められるので，記憶が曖昧なときは計算で確認するとよい．

なお，双曲線関数も三角関数の場合と同様，図 11.2 を用いてたがいの関係が整理できる．

図 11.2 は正六角形の中心に 1 を置き，中心線の左側の各頂点に上から $\sinh x$，$\tanh x$，$\mathrm{sech}\, x$ を配置し，右側にそれらに "co" を付けた $\cosh x$，$\coth x$，$\mathrm{cosech}\, x$ を配置してある．このとき，図 11.3 の関係図を用いて以下の関係が成立する．

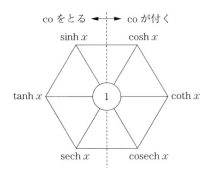

図 11.2 双曲線関数の配置図

（a） 対角線の関係　図(a)に示すように，三本の対角線上にある双曲線関数はたがいに逆関数となる．例えば，$\sinh x$ と対角にあるのは $\mathrm{cosech}\, x$ であるから $\sinh x = 1/\mathrm{cosech}\, x$ となる．同様に，$\tanh x = 1/\coth x$，$\cosh x = 1/\mathrm{sech}\, x$ となる．

（b） 逆三角形の関係　図(b)に示すように，三つの逆三角形の各頂点の双曲線関数は $a^2 + c^2 = b^2$ の関係を満足する（三角関数は $a^2 + b^2 \to c^2$ の右回りに対して，逆の左回り $a^2 + c^2 \to b^2$ と覚えればよい）．

例えば，正面の逆三角形は $a = \sinh x$, $c = 1$, $b = \cosh x$ より，$\sinh^2 x + 1 = \cosh^2 x$ となる。同様に，$\tanh^2 x + \mathrm{sech}^2 x = 1$, $1 + \mathrm{cosech}^2 x = \coth^2 x$ となる。

（c）微分の関係 六つの双曲線関数の微分は図（c）の矢印の関係を満足する。矢印の関係は三角関数の場合と同じであるが，符号の付き方は異なる。表の関数（$\sinh x$, $\cosh x$, $\tanh x$）に対して，裏の関数（$\mathrm{sech}\, x$, $\mathrm{cosech}\, x$, $\coth x$）の微分は負号（－）を付ける。

例えば，$\sinh x$ の微分は $\cosh x$，$\cosh x$ の微分は $\sinh x$ となる。また，$\tanh x$ の場合二本の矢印のため，$\tanh x$ の微分は $\mathrm{sech}^2 x$ となる。$\mathrm{sech}\, x$ の場合，裏の関数で矢印は行って戻るため，$\mathrm{sech}\, x$ の微分は $-\tanh x\, \mathrm{sech}\, x$ となる。同様に，$\coth x$ の微分は $-\mathrm{cosech}^2 x$，$\mathrm{cosech}\, x$ の微分は $-\coth x\, \mathrm{cosech}\, x$ となる。

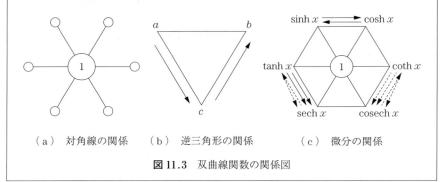

（a）対角線の関係　（b）逆三角形の関係　（c）微分の関係

図 11.3　双曲線関数の関係図

なお，電気電子工学では双曲線関数の逆関数，すなわち**逆双曲線関数**がしばしば登場する。そこで，逆双曲線関数を求めてみよう。

いま，$y = \sinh^{-1} x$ とすると
$$x = \sinh y = \frac{e^y - e^{-y}}{2}$$

これを整理すると
$$e^y - 2x - e^{-y} = \frac{e^{2y} - 2xe^y - 1}{e^y} = 0$$

したがって

$$e^{2y} - 2xe^y - 1 = 0$$

となる。上式はe^yについての二次方程式で$e^y > 0$のため，解の公式より

$$e^y = x + \sqrt{x^2 + 1}$$

と求められる。ここで両辺の自然対数をとると次式となる。

$$y = \ln(x + \sqrt{x^2 + 1})$$

ところで，$y = \sinh^{-1} x$であるから

$$\therefore \quad \sinh^{-1} x = \ln(x + \sqrt{x^2 + 1})$$

となり，逆双曲線関数が求められる。

以下に，逆双曲線関数とその微分を示す。

〔8〕 **逆双曲線関数**

$$\left.\begin{aligned}
\sinh^{-1} x &= \ln(x + \sqrt{x^2 + 1}) \\
\cosh^{-1} x &= \ln(x + \sqrt{x^2 - 1}) \quad (x > 1) \\
\tanh^{-1} x &= \frac{1}{2} \ln \frac{1 + x}{1 - x} \quad (|x| < 1)
\end{aligned}\right\} \tag{11.15}$$

〔9〕 **逆双曲線関数の微分**

$$\left.\begin{aligned}
\frac{d}{dx} \sinh^{-1} x &= \frac{1}{\sqrt{x^2 + 1}} \\
\frac{d}{dx} \cosh^{-1} x &= \frac{1}{\sqrt{x^2 - 1}} \quad (x > 1) \\
\frac{d}{dx} \tanh^{-1} x &= \frac{1}{1 - x^2} \quad (|x| < 1)
\end{aligned}\right\} \tag{11.16}$$

11.4 双曲線関数の応用例

11.4.1 分布定数回路

送電線や通信線のように，線路の長さが波長に比べて長い場合，抵抗やインダクタンスなどの回路定数は線路に沿って分布しているとして，線路の長さ方向の電圧，電流を取り扱う必要がある。このような回路を**分布定数回路**という。

図 11.4 は分布定数回路の等価回路で,単位長さ当りに抵抗 R 〔Ω/m〕,インダクタンス L 〔H/m〕,コンダクタンス G 〔S/m〕,およびキャパシタンス C 〔F/m〕が連続的に分布し,単位長さ当りのインピーダンスとアドミタンスはそれぞれ $Z = R + j\omega L$, $Y = G + j\omega C$ となる。この線路の位置 x での線路間電圧 $V(x)$,線路電流 $I(x)$ は以下の微分方程式を満足する。

$$\frac{dV(x)}{dx} = -ZI(x) \tag{11.17}$$

$$\frac{dI(x)}{dx} = -YV(x) \tag{11.18}$$

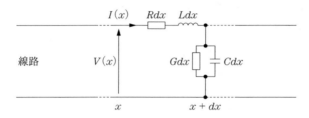

図 11.4 分布定数回路の等価回路

式(11.17)と式(11.18)をそれぞれ x で微分すると,以下のように電圧あるいは電流に関する 2 階の微分方程式が得られる。

$$\frac{d^2V(x)}{dx^2} = YZV(x) \tag{11.19}$$

$$\frac{d^2I(x)}{dx^2} = YZI(x) \tag{11.20}$$

ここで

$$\gamma = \sqrt{YZ} \tag{11.21}$$

とおいて,式(11.19)と式(11.20)の微分方程式を解くと,電圧と電流は以下の式で与えられる。

$$V(x) = A_1 e^{-\gamma x} + B_1 e^{\gamma x} \tag{11.22}$$

$$I(x) = A_2 e^{-\gamma x} + B_2 e^{\gamma x} \tag{11.23}$$

式(11.22)を x で微分すると

$$\frac{dV(x)}{dx} = -A_1\gamma e^{-\gamma x} + B_1\gamma e^{\gamma x} \tag{11.24}$$

一方,式(11.23)を式(11.17)へ代入すると次式が導かれる。

$$\frac{dV(x)}{dx} = -ZA_2 e^{-\gamma x} - ZB_2 e^{\gamma x} \tag{11.25}$$

式(11.24)と式(11.25)の比較から以下の関係が成り立つ。

$$A_2 = \frac{\gamma}{Z} A_1 = \sqrt{\frac{Y}{Z}} A_1 \tag{11.26}$$

$$B_2 = -\frac{\gamma}{Z} B_1 = -\sqrt{\frac{Y}{Z}} B_1 \tag{11.27}$$

そして

$$Z_0 = \sqrt{\frac{Z}{Y}} \tag{11.28}$$

とおくと,電圧と電流はそれぞれ次式で与えられる。

$$V(x) = A_1 e^{-\gamma x} + B_1 e^{\gamma x} \tag{11.29}$$

$$I(x) = \frac{1}{Z_0}(A_1 e^{-\gamma x} - B_1 e^{\gamma x}) \tag{11.30}$$

また,式(11.7)より $e^{\pm \gamma x} = \cosh \gamma x \pm \sinh \gamma x$ 関係を用いると,電圧と電流は以下のように双曲線関数で表される。

$$V(x) = C_1 \cosh \gamma x - C_2 \sinh \gamma x \tag{11.31}$$

$$I(x) = \frac{1}{Z_0}(-C_1 \sinh \gamma x + C_2 \cosh \gamma x) \tag{11.32}$$

ただし,$C_1 = A_1 + B_1$,$C_2 = A_1 - B_1$ である。これらの係数は線路の境界条件,すなわち線路の送端あるいは受端の電圧や電流によって決められる。

また,式(11.21)で定義される γ は**伝搬定数**,式(11.28)で定義される Z_0 は**特性インピーダンス**と呼ばれ,伝送線路の特性を決める重要な定数である。

それでは,長さ l の有限長線路の電圧と電流を以下の二つの場合について求めてみよう。

〔1〕 **送電端の電圧と電流が与えられた場合** これは,図11.5で $x=0$ のとき $V(0) = V_1$, $I(0) = I_1$ が与えられた場合に相当し,これらの条件を式

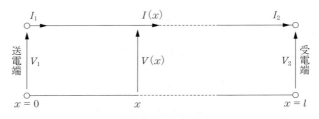

図 11.5 送電線路

(11.31),式(11.32)へ代入すると,係数 C_1, C_2 は

$$\left.\begin{array}{l} C_1 = V_1 \\ C_2 = Z_0 I_1 \end{array}\right\} \tag{11.33}$$

と求められる。したがって,電圧 $V(x)$ と電流 $I(x)$ は以下で与えられる。

$$V(x) = V_1 \cosh \gamma x - Z_0 I_1 \sinh \gamma x \tag{11.34}$$

$$I(x) = -\frac{V_1}{Z_0} \sinh \gamma x + I_1 \cosh \gamma x \tag{11.35}$$

また,行列を用いると次式で表される。

$$\begin{bmatrix} V(x) \\ I(x) \end{bmatrix} = \begin{bmatrix} \cosh \gamma x & -Z_0 \sinh \gamma x \\ -\dfrac{1}{Z_0} \sinh \gamma x & \cosh \gamma x \end{bmatrix} \begin{bmatrix} V_1 \\ I_1 \end{bmatrix} \tag{11.36}$$

〔2〕 **受電端の電圧と電流が与えられた場合** これは,図 11.5 で $x = l$ のとき $V(l) = V_2$, $I(l) = I_2$ となり,これらの条件を式(11.28),式(11.29)へ代入すると,係数 C_1, C_2 は

$$C_1 = V_2 \cosh \gamma l + Z_0 I_2 \sinh \gamma l \tag{11.37}$$

$$C_2 = Z_0 I_2 \cosh \gamma l + V_2 \sinh \gamma l \tag{11.38}$$

と求められ,電圧 $V(x)$ と電流 $I(x)$ は以下で与えられる(解の導出は演習問題【5】とする)。

$$V(x) = V_2 \cosh \gamma(l - x) + Z_0 I_2 \sinh \gamma(l - x) \tag{11.39}$$

$$I(x) = \frac{V_2}{Z_0} \sinh \gamma(l - x) + I_2 \cosh \gamma(l - x) \tag{11.40}$$

また,行列を用いると次式で表される

$$\begin{bmatrix} V(x) \\ I(x) \end{bmatrix} = \begin{bmatrix} \cosh \gamma(l-x) & Z_0 \sinh \gamma(l-x) \\ \dfrac{1}{Z_0} \sinh \gamma(l-x) & \cosh \gamma(l-x) \end{bmatrix} \begin{bmatrix} V_2 \\ I_2 \end{bmatrix} \tag{11.41}$$

11.4.2 架空電線

架空電線とは電柱を経由して空中に架けられた送電線で，その曲線の形は双曲線関数で表される．**図 11.6** のように，電線が二点 (P, Q) で支持されている場合を考える．電線の単位長当りの質量を W とする．ここで，x, y 軸を図のようにとり，電線の最下端の点 A の座標を (0, 0) とする．電線は y 軸について対称となるため右側 ($x \geqq 0$) だけを考えればよい．

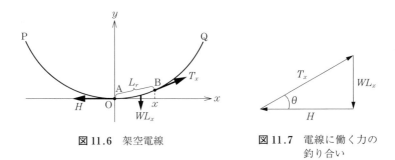

図 11.6 架空電線　　　　**図 11.7** 電線に働く力の釣り合い

いま，長さ L_x の電線 AB には，点 B での張力 T_x，点 A での水平張力 H および電線自身による重力が働き，**図 11.7** のように釣り合っている．この釣り合いの関係から次式が成り立つ．

$$\frac{dy}{dx} = \tan \theta = \frac{WL_x}{H} \tag{11.42}$$

一方，電線の微小部分の長さを dL とすると $(dL)^2 = (dx)^2 + (dy)^2$ より

$$dL = \sqrt{(dx)^2 + (dy)^2} = \sqrt{1 + \left(\frac{dy}{dx}\right)^2}\, dx \tag{11.43}$$

となり，L_x は次式で与えられる．

$$L_x = \int_0^x dL = \int_0^x \sqrt{1 + \left(\frac{dy}{dx}\right)^2}\, dx \tag{11.44}$$

式(11.42)と(11.44)より

$$\frac{dy}{dx} = \frac{W}{H}\int_0^x \sqrt{1+\left(\frac{dy}{dx}\right)^2}\,dx \tag{11.45}$$

となる。式(11.45)を x で微分すると

$$\frac{d^2y}{dx^2} = \frac{W}{H}\sqrt{1+\left(\frac{dy}{dx}\right)^2} \tag{11.46}$$

となり，$dy/dx = Y$ とおくと

$$\frac{dY}{dx} = \frac{W}{H}\sqrt{1+Y^2} \tag{11.47}$$

となり，Y についての1階の微分方程式となる。式(11.47)に変数分離法を用いると

$$\int \frac{dY}{\sqrt{1+Y^2}} = \int \frac{W}{H}\,dx \tag{11.48}$$

となり，両辺を積分すると

$$\sinh^{-1} Y = \frac{W}{H}x + A \tag{11.49}$$

となる。ここで，$x=0$ で $Y=0$ より，$A=0$ である。したがって

$$Y = \sinh \frac{Wx}{H} \tag{11.50}$$

となり，$Y = dy/dx$ であるから

$$\therefore \quad \frac{dy}{dx} = \sinh \frac{Wx}{H} \tag{11.51}$$

式(11.51)を積分すると次式となる。

$$y = \int \sinh \frac{Wx}{H}\,dx = \frac{W}{H}\cosh \frac{Wx}{H} + B \tag{11.52}$$

ここで，$x=0$ で $y=0$ より $B = -W/H$ となり，式(11.52)へ代入すると

$$y = \frac{W}{H}\left(\cosh \frac{Wx}{H} - 1\right) \tag{11.53}$$

となる。ここで，$W/H = a$ とおくと

$$y = a\left(\cosh \frac{x}{a} - 1\right) = a\cosh \frac{x}{a} - a \tag{11.54}$$

となり，図 11.6 の電線の曲線は双曲線関数となる．式 (11.54) の第 1 項

$$y = a \cosh \frac{x}{a} \tag{11.55}$$

は**懸垂線**または**カテナリー**（catenary）曲線といわれる．二点で支持された紐やチェーン，ネックレスなどの垂れ下がる曲線はこのカテナリー曲線となる．

演 習 問 題

【1】以下の公式を証明せよ．
(1) $\cosh(x+y) = \cosh x \cosh y + \sinh x \sinh y$
(2) $\sinh x + \sinh y = 2 \sinh \dfrac{x+y}{2} \cosh \dfrac{x+y}{2}$

【2】以下の関係式が成立することを示せ．
(1) $\sinh^2 x - \sinh^2 y = \sinh(x+y)\sinh(x-y)$
(2) $\sinh^3 x = \dfrac{\sinh 3x - 3\sinh x}{4}$ (3) $\sinh^{-1} x = \cosh^{-1}\sqrt{x^2+1}$

【3】以下の微分を求めよ．
(1) $\dfrac{d}{dx}\tanh x$ (2) $\dfrac{d}{dx}\sinh^{-1} x$ (3) $\dfrac{d}{dx}\tanh^{-1} x$

【4】以下の関係式を導け．
$$\cosh x = 1 + \frac{x^2}{2!} + \frac{x^4}{4!} + \cdots = \sum_{n=1}^{\infty} \frac{x^{2(n-1)}}{n!}$$

【5】図 11.8 の長さ l 送電線路で，受電端の電圧 V_2 と電流 I_2 が与えられたとき，送電端から x の位置での電圧 $V(x)$ と電流 $I(x)$（本文中の式 (11.41)）を求めよ．

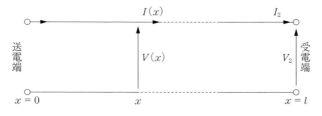

図 11.8

演習問題解答

各章の章末問題の詳細な解答は，コロナ社 Web サイトの本書書籍ページ（http://www.coronasha.co.jp/np/isbn/9784339008722/）から閲覧・ダウンロードできる（コロナ社 Web サイトのトップページの書名検索からもアクセス可能）。

1. 対　　数

【1】（1）$\log_2 2^5 = 5$　（2）$\log_5 5^3 = 3$　（3）$\log_2 2^{-4} = -4$

（4）$\log_{10} 10^{-3} = -3$　（5）$\dfrac{3\log_{10} 5}{-\log_{10} 5} = -3$

【2】（1）

N	1	2	3	4	5	6	7	8	9	10
$\log N$	0	0.30	0.48	0.60	0.70	0.78	×	0.90	0.96	1

（2）① $-\log 2 = -0.30$　② $\dfrac{1}{2}(\log 2 + \log 3) = 0.39$

③ $\dfrac{\log 2 + \log 3}{\log 2} = 2.6$　④ $\dfrac{3 \log 3}{2 \log 2} = 2.4$

【3】（1）$\log_6 36 = 2$　（2）$\log_3 9 = 2$　（3）$\log_2 16 = 4$

（4）$= \dfrac{-\log 3}{\dfrac{1}{2}\log 3} + \dfrac{2\log 3}{\log 3} = 0$

【4】$E = kT(\ln A - \ln \sigma) = kT \ln \dfrac{A}{\sigma}$

【5】（1）$\dfrac{V_o}{V_i} = 10^3$, $G_v = G_{v1} + G_{v2} = 20 \log \dfrac{V_o}{V_i} = 60$

∴　$G_{v1} = G_v - G_{v2} = 60 - 20 = 40 \text{ dB}$

（2）$G_v = G_{v1} + G_{v2} = 100 = 20 \log \dfrac{V_o}{V_i}$, $\dfrac{V_o}{V_i} = 10^5$

∴　$V_o = V_i \times 10^5 = 2 \text{ μV} \times 10^5 = 200 \text{ mV}$

【6】（1）$G_p = 10 \log \dfrac{P_o}{P_i} = 10 \log \dfrac{V_o^2/R_o}{V_i^2/R_i} = 10 \log \dfrac{V_o^2 R_i}{V_i^2 R_o}$

$= 10 \left\{ \log \left(\dfrac{V_o}{V_i}\right)^2 + \log \dfrac{R_i}{R_o} \right\} = 20 \log \dfrac{V_o}{V_i} + 10 \log \dfrac{R_i}{R_o}$

（2） $G_p = 20\log\dfrac{V_o}{V_i} + 10\log\dfrac{R_i}{R_o} = 20\log 10 + 10\log 10 = 30$ dB

2. 三角関数

【1】（1） $\dfrac{1}{2}$　（2） $-\dfrac{1}{2}$　（3） -1　（4） $-\sqrt{3}$　（5） $-\dfrac{1}{2}$
　　（6） $-\dfrac{\sqrt{3}}{2}$　（7） $\dfrac{\sqrt{3}}{2}$　（8） $-\dfrac{\sqrt{3}}{2}$　（9） $\dfrac{1}{2}$　（10） -1
　　（11） $\dfrac{1}{2}$　（12） -1

【2】（1） $\theta = \dfrac{\pi}{3}, \dfrac{2\pi}{3}$　（2） $\theta = \dfrac{\pi}{4}$　（3） $\theta = \dfrac{2\pi}{3}$　（4） $\theta = \dfrac{\pi}{4}, \dfrac{3\pi}{4}$
　　（5） $\theta = \dfrac{\pi}{6}$　（6） $\theta = \dfrac{\pi}{6}$　（7） $\theta = \dfrac{\pi}{3}$　（8） $\theta = \dfrac{\pi}{6}, \dfrac{5\pi}{6}$

【3】（1） $-\cos\theta$　（2） $-\cos\theta$　（3） $\cot\theta$　（4） $\cos\theta$
　　（5） $-\sin\theta$

【4】（1） $2\sin\left(\theta + \dfrac{\pi}{3}\right)$　（2） $2\cos\left(\theta - \dfrac{5\pi}{6}\right)$

【5】（1） $\dfrac{\pi}{6}$　（2） 0
　　（3） $\dfrac{\pi}{4}$　（$\tan^{-1}\left(\dfrac{1}{4}\right) = \alpha$, $\tan^{-1}\left(\dfrac{3}{5}\right) = \beta$ とおくと，$\tan(\alpha + \beta) = 1$）

【6】（1） $2\sin\left(\theta + \dfrac{\pi}{6}\right)$　（2） $2\sin\left(\theta + \dfrac{\pi}{3}\right)$

【7】（1） $e_1 + e_2 = \sqrt{R^2 + (\omega L)^2}\, I\sin(\omega t + \varphi)$，ただし，$\varphi = \tan^{-1}\left(\dfrac{\omega L}{R}\right)$
　　（2） $e_1 + e_2 + e_3 = \sqrt{R^2 + \left(\omega L - \dfrac{1}{\omega C}\right)^2}\, I\sin(\omega t + \varphi)$，ただし，
　　　　$\varphi = \tan^{-1}\left(\dfrac{\omega L - \dfrac{1}{\omega C}}{R}\right)$

3. 複素数

【1】（1） $8 + j11$　（2） $16 + j11$　（3） 2　（4） 2　（5） $2\sqrt{2}$
　　（6） j　（7） $\sqrt{2}$　（8） j

【2】（1） $\cos\dfrac{\pi}{3} + j\sin\dfrac{\pi}{3}$　（2） $\cos\dfrac{3\pi}{4} + j\sin\dfrac{3\pi}{4}$

186　演習問題解答

(3) $\cos\dfrac{3\pi}{2} + j\sin\dfrac{3\pi}{2}$　　(4) $\cos\pi + j\sin\pi$

【3】(1) $\sqrt{2}\,e^{j\frac{\pi}{4}}$　(2) $e^{j\frac{\pi}{6}}$　(3) $e^{-j\frac{\pi}{4}}$　(4) $2e^{j\frac{\pi}{3}}$

【4】(1) $-\dfrac{\sqrt{3}}{2} + j\dfrac{1}{2}$　(2) $\dfrac{1}{\sqrt{2}} + j\dfrac{1}{\sqrt{2}}$

(3) $-\dfrac{\sqrt{3}}{2} - j\dfrac{1}{2}$　(4) $-j$　(5) $\dfrac{1}{2} + j\dfrac{\sqrt{3}}{2}$

【5】$V_R = 2$ V, $V_L = j4$ V, $V_C = -j2$ V, 各素子の電圧は解図 3.1。

∴ $V = V_R + V_L + V_C = 2 + j2 = 2\sqrt{2}\,e^{j\frac{\pi}{4}}$,

電圧 V は電流 I より $\pi/4$ 位相が進む。

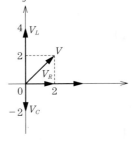

解図 3.1

【6】(a) $Z_{ab} = R$,　(b) $Z_{ab} = R$

4. ベクトル

【1】(1) $\overrightarrow{AB} = (3, 1)$,　$\overrightarrow{AC} = (3, 0)$,　$\overrightarrow{AD} = (-1, 0)$

(2) $|\overrightarrow{AB}| = 10$,　$|\overrightarrow{BC}| = 1$,　$|\overrightarrow{CD}| = 4$

【2】(1) $\overrightarrow{OG}$ と等しいベクトルは, $\overrightarrow{AD}$, $\overrightarrow{BE}$, $\overrightarrow{CF}$　(2) $\overrightarrow{OE} = (1, 1, 1)$

【3】(1) 解図 4.1 より, $\overrightarrow{OB} = \left(-\dfrac{1}{2}, \dfrac{\sqrt{3}}{2}\right)$,　$\overrightarrow{OC} = \left(-\dfrac{1}{2}, -\dfrac{\sqrt{3}}{2}\right)$

(2) $\overrightarrow{OA} + \overrightarrow{OB} + \overrightarrow{OC} = \vec{0} = (0, 0)$

(3) $\overrightarrow{OA} \cdot \overrightarrow{OB} = -\dfrac{1}{2}$　(4) $\overrightarrow{OA} \cdot (\overrightarrow{OA} + \overrightarrow{OB}) = \dfrac{1}{2}$

【4】(1) $\overrightarrow{AB} \cdot \overrightarrow{AC} = 3$　(2) $\overrightarrow{AB} \cdot \overrightarrow{BC} = 0$　(3) $\overrightarrow{AC} \cdot \overrightarrow{BC} = 1$

【5】(1) ベクトル C は解図 4.2 に示す。$|C| = 10$

(2) $A \cdot C = 50$

(3) $A \times B = 50\sqrt{3}\,n$　（n は x 軸の正の向きの単位ベクトル）

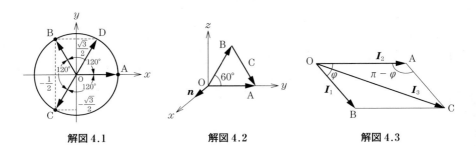

解図 4.1　　　　解図 4.2　　　　解図 4.3

演習問題解答　　187

【6】 $A = A_x B_y C_z + A_y B_z C_x + A_z B_x C_y - A_x B_z C_y - A_y B_x C_z - A_z B_y C_x$

【7】 $\overrightarrow{OB} \times \overrightarrow{OC} = 50\sqrt{3}\,\boldsymbol{n}$　　（$\boldsymbol{n}$ は z 軸上の正の向きの単位ベクトル）
　　∴　$\overrightarrow{OA} \cdot (\overrightarrow{OB} \times \overrightarrow{OC}) = 750$

【8】（1）$I_3 = I_1 + I_2$ より，三電流の関係は**解図4.3**のようになる。
　　（2）$P = R(I_3^2 - I_1^2 - I_2^2)/2$

5. 行列と行列式

【1】（1）9　　（2）0　　（3）0　　（4）14　　（5）14　　（6）0　　（7）40

【2】（1）1　　（2）0　　（3）1

【3】（1）$x = \pm 2$　　（2）$x = 1, -3$　　（3）$x = 0, -10$

【4】（1）$\begin{bmatrix} 7 & 4 \\ 3 & 2 \end{bmatrix}$　　（2）$\begin{bmatrix} 1 & 2 \\ 3 & 8 \end{bmatrix}$　　（3）$\begin{bmatrix} 2 & 7 & 4 \\ 3 & 5 & 1 \\ 4 & 9 & 1 \end{bmatrix}$　　（4）$\begin{bmatrix} 2 & 2 & 0 \\ -1 & 8 & 6 \\ 1 & 1 & 0 \end{bmatrix}$　　（5）$\begin{bmatrix} 0 \\ 1 \\ 1 \end{bmatrix}$

【5】（1）$\dfrac{1}{7}\begin{bmatrix} 3 & 2 \\ -2 & 1 \end{bmatrix}$　　（2）$\dfrac{1}{2}\begin{bmatrix} 2 & -2 & 0 \\ -1 & 4 & -1 \\ -1 & 0 & 1 \end{bmatrix}$　　（3）$\dfrac{1}{10}\begin{bmatrix} 7 & -1 & -4 \\ 5 & -5 & 0 \\ -1 & 3 & 2 \end{bmatrix}$

　　（4）$\begin{bmatrix} 2 & 0 & -1 \\ 11 & 1 & -7 \\ -3 & 0 & 2 \end{bmatrix}$

【6】（1）$x = \dfrac{\begin{vmatrix} 4 & -2 \\ 1 & 3 \end{vmatrix}}{\begin{vmatrix} 1 & -2 \\ 2 & 3 \end{vmatrix}} = 2,\ y = \dfrac{\begin{vmatrix} 1 & 4 \\ 2 & 1 \end{vmatrix}}{\begin{vmatrix} 1 & -2 \\ 2 & 3 \end{vmatrix}} = -1,\ \begin{bmatrix} x \\ y \end{bmatrix} = \dfrac{1}{7}\begin{bmatrix} 3 & 2 \\ -2 & 1 \end{bmatrix}\begin{bmatrix} 4 \\ 1 \end{bmatrix} = \begin{bmatrix} 2 \\ -1 \end{bmatrix}$

　　（2）$x = \dfrac{\begin{vmatrix} 6 & 1 & 2 \\ 2 & -1 & 2 \\ 4 & 2 & 3 \end{vmatrix}}{\begin{vmatrix} 1 & 1 & 2 \\ 1 & -1 & 2 \\ -1 & 2 & 3 \end{vmatrix}} = \dfrac{12}{5},\quad y = \dfrac{\begin{vmatrix} 1 & 6 & 2 \\ 1 & 2 & 2 \\ -1 & 4 & 3 \end{vmatrix}}{\begin{vmatrix} 1 & 1 & 2 \\ 1 & -1 & 2 \\ -1 & 2 & 3 \end{vmatrix}} = 2$

　　$z = \dfrac{\begin{vmatrix} 1 & 1 & 6 \\ 1 & -1 & 2 \\ -1 & 2 & 4 \end{vmatrix}}{\begin{vmatrix} 1 & 1 & 2 \\ 1 & -1 & 2 \\ -1 & 2 & 3 \end{vmatrix}} = \dfrac{4}{5},\quad \begin{bmatrix} x \\ y \\ z \end{bmatrix} = \dfrac{1}{10}\begin{bmatrix} 7 & -1 & -4 \\ 5 & -5 & 0 \\ -1 & 3 & 2 \end{bmatrix}\begin{bmatrix} 6 \\ 2 \\ 4 \end{bmatrix} = \begin{bmatrix} \dfrac{12}{5} \\ 2 \\ \dfrac{4}{5} \end{bmatrix}$

(3) $x = \dfrac{\begin{vmatrix} 1 & 1 & 1 \\ 2 & 1 & 1 \\ 3 & 1 & 3 \end{vmatrix}}{\begin{vmatrix} 2 & 1 & 1 \\ 1 & 1 & 1 \\ 2 & 1 & 3 \end{vmatrix}} = -1,\quad y = \dfrac{\begin{vmatrix} 2 & 1 & 1 \\ 1 & 2 & 1 \\ 2 & 3 & 3 \end{vmatrix}}{\begin{vmatrix} 2 & 1 & 1 \\ 1 & 1 & 1 \\ 2 & 1 & 3 \end{vmatrix}} = 2,\quad z = \dfrac{\begin{vmatrix} 2 & 1 & 1 \\ 1 & 1 & 2 \\ 2 & 1 & 3 \end{vmatrix}}{\begin{vmatrix} 2 & 1 & 1 \\ 1 & 1 & 1 \\ 2 & 1 & 3 \end{vmatrix}} = 1$

$\begin{bmatrix} x \\ y \\ z \end{bmatrix} = \dfrac{1}{2}\begin{bmatrix} 2 & -2 & 0 \\ -1 & 4 & -1 \\ -1 & 0 & 1 \end{bmatrix}\begin{bmatrix} 1 \\ 2 \\ 3 \end{bmatrix} = \begin{bmatrix} -1 \\ 2 \\ 1 \end{bmatrix}$

【7】回路方程式 $\begin{bmatrix} 3 & -2 \\ 2 & 6 \end{bmatrix}\begin{bmatrix} I_1 \\ I_2 \end{bmatrix} = \begin{bmatrix} 7 \\ 0 \end{bmatrix}$

$\therefore\ I_1 = \dfrac{\begin{vmatrix} 7 & -2 \\ 0 & 6 \end{vmatrix}}{\begin{vmatrix} 3 & -2 \\ -2 & 6 \end{vmatrix}} = 3\,\mathrm{A},\quad I_2 = \dfrac{\begin{vmatrix} 3 & 7 \\ -2 & 0 \end{vmatrix}}{\begin{vmatrix} 3 & -2 \\ -2 & 6 \end{vmatrix}} = 1\,\mathrm{A}$

【8】(1) 回路方程式 $\begin{bmatrix} j\omega L + \dfrac{1}{j\omega C} & -j\omega L \\ -j\omega L & R + j\omega L \end{bmatrix}\begin{bmatrix} I_1 \\ I_2 \end{bmatrix} = \begin{bmatrix} E \\ 0 \end{bmatrix}$

$\therefore\ I_2 = \dfrac{E}{R\left(1 - \dfrac{1}{\omega^2 LC}\right) + \dfrac{1}{j\omega C}}$

(2) $\left(1 - \dfrac{1}{\omega^2 LC}\right) = 0\quad \therefore\ \omega = \dfrac{1}{\sqrt{LC}}$ あるいは $f = \dfrac{1}{2\pi\sqrt{LC}}$.

$I_2 = \sqrt{\dfrac{C}{L}}\,E e^{j\frac{\pi}{2}}$ より,I_2 は E より位相が $90°$ 進む。

6. 微分と積分

【1】(1) $9x^2 - 4x + 6$ (2) $2x + \dfrac{1}{\sqrt{x}} - \dfrac{1}{x^2}$ (3) $24(4x - 3)^5$

(4) $\dfrac{6x^2 + 1}{\sqrt{4x^3 + 2x - 3}}$ (5) $4\sin^3 x \cos x$ (6) $\dfrac{\cos x}{2\sqrt{\sin x}}$

(7) $\cos^2 x - \sin^2 x = 1 - 2\sin^2 x = 2\cos^2 x - 1$ (8) $5\sin^4 x \cos 6x$

(9) $\dfrac{1}{\cos^2 x} = \sec^2 x$ (10) $\dfrac{dy}{dx} = -\dfrac{1}{\sqrt{1 - x^2}}$ ($|x| < 1$)

【2】(1) $\dfrac{d^n(\sin x)}{dx^n} = \sin\!\left(x + \dfrac{n\pi}{2}\right)$ (2) $\dfrac{d^n(e^x \sin x)}{dx^n} = (\sqrt{2})^n e^x \sin\!\left(x + \dfrac{n\pi}{4}\right)$

【3】（1）$\dfrac{dy}{dx} = \dfrac{dy}{d\theta}\bigg/\dfrac{dx}{d\theta} = \dfrac{a\sin\theta}{a(1-\cos\theta)} = \cot\dfrac{\theta}{2}$

（2）$\dfrac{dy}{dx} = \dfrac{dy}{dt}\bigg/\dfrac{dx}{dt} = \dfrac{4t^3 - 4t}{t-1} = 4t^2 + 4t$

【4】（1）$\dfrac{\partial u}{\partial x} = 2 + 2x + 3y, \quad \dfrac{\partial u}{\partial y} = 3 + 3x + 8y$

（2）$\dfrac{\partial u}{\partial x} = 2e^{2x}\cos 3y, \quad \dfrac{\partial u}{\partial y} = -3e^{2x}\sin 3y$

（3）$\dfrac{\partial u}{\partial x} = \ln\dfrac{y}{x} - 1, \quad \dfrac{\partial u}{\partial y} = \dfrac{x}{y}$

【5】$\partial u/\partial x = 2xz - 2xy + y^2 - z^2, \quad \partial u/\partial y = 2xy - 2yz - x^2 + z^2$
$\partial u/\partial z = 2yz - 2xz + x^2 - y^2 \quad \therefore \quad \partial u/\partial x + \partial u/\partial y + \partial u/\partial z = 0$

【6】（1）$\dfrac{dT}{T} = \dfrac{1}{2}\left(\dfrac{dl}{l} - \dfrac{dg}{g}\right) \quad \dfrac{dl}{l} = 4\%, \dfrac{dg}{g} = 2\%$ より,

$\dfrac{dT}{T} = \dfrac{1}{2}(4 - 2) = 1\%$

（2）$\dfrac{d\rho}{\rho} = 2\dfrac{dD}{D} + \dfrac{dR}{R} - \dfrac{dl}{l} \quad \dfrac{dD}{D} = \dfrac{dR}{R} = \dfrac{dl}{l} = 1\%$ より,

$\dfrac{d\rho}{\rho} = 2 + 1 - 1 = 2\%$

【7】（1）$x^4 + 6x^2 - 3x + C$ （2）$\dfrac{2}{3}\sqrt{x^3} + 2x + C$

（3）$\dfrac{1}{2}e^{2x} - \dfrac{1}{4}e^{-4x} + e^{-x} + C$ （4）$\dfrac{a^{4x}}{4\ln a} + C$

（5）$\dfrac{1}{2}x + \dfrac{\sin 2x}{4} + C$ （6）$\dfrac{\cos x}{2} - \dfrac{\cos 5x}{10} + C$

【8】（1）$\dfrac{(4x-3)^6}{24} + C$ （2）$\dfrac{\sin^5 x}{5} + C$ （3）$\dfrac{\cos^5 x}{5} - \dfrac{\cos^3 x}{3} + C$

（4）$-x\cos x + \sin x + C$ （5）$x\ln x - x + C$

（6）$\dfrac{e^x}{2}(\sin x - \cos x) + C$ （7）$\dfrac{e^{-x}}{2}(\sin x - \cos x) + C$

（8）$\dfrac{e^{ax}}{a^2 + \omega^2}(a\sin\omega x - \omega\cos\omega x) + C$

【9】（1）0 （2）$\dfrac{4}{3}\pi R^3$ （3）$\dfrac{1}{3}$

【10】（1）36

（2）$S = 4\displaystyle\int_0^a y\,dx = 4\dfrac{b}{a}\int_0^a (\sqrt{a^2 - x^2})dx, \quad x = a\sin\theta$ とおくと

$$S = 4ab\int_0^{\frac{\pi}{2}} \frac{1+\cos 2\theta}{2} d\theta = \pi ab$$

【11】 $\dfrac{R}{z} = \tan(\pi - \theta) = -\tan\theta \quad dz = \dfrac{R}{\sin^2\theta} d\theta$

また, $\dfrac{R}{r} = \sin(\pi - \theta) = \sin\theta$

$\therefore \quad r = \dfrac{R}{\sin\theta}$

以上より, $dH = \dfrac{I}{4\pi} \dfrac{dz r \sin\theta}{r^3} = \dfrac{I}{4\pi} \dfrac{\sin\theta}{R} d\theta$

$\therefore \quad H = \int dH = \int_\alpha^{\pi-\beta} \dfrac{I}{4\pi} \dfrac{\sin\theta}{R} d\theta = \dfrac{I}{4\pi R}(\cos\alpha + \cos\beta)$

解図 6.1

磁界 H の向きは紙面に垂直で手前から奥の向き（**解図 6.1**）。

7. 関数の展開と近似計算

【1】（1） $\dfrac{1}{1-x} = 1 + \dfrac{x}{1!}1 + \dfrac{x^2}{2!}2! + \dfrac{x^3}{3!}3! + \cdots$

$= 1 + x + x^2 + x^3 + \cdots + x^n + \cdots = \sum\limits_{n=1}^{\infty} x^{n-1}$

（2） $\dfrac{1}{1-x^2} = 1 + \dfrac{x^2}{2!}2! + \dfrac{x^4}{4!}4! + \cdots$

$= 1 + x^2 + x^4 + \cdots + x^{2n} + \cdots = \sum\limits_{n=1}^{\infty} x^{2(n-1)}$

（3） $\dfrac{1}{1-3x+2x^2} = \dfrac{1}{(1-2x)(1-x)} = \dfrac{2}{1-2x} - \dfrac{1}{1-x}$

問題（1）より

$\dfrac{1}{1-x} = 1 + x + x^2 + x^3 + \cdots + x^n + \cdots \quad (|x|<1)$

$\dfrac{1}{1-2x} = 1 + 2x + 2^2 x^2 + 2^3 x^3 + \cdots + 2^n x^n + \cdots \quad \left(|x|<\dfrac{1}{2}\right)$

$\therefore \quad \dfrac{1}{1-3x+2x^2} = 1 + 3x + 7x^2 + 15x^3 + \cdots + (2^n-1)x^{n-1} + \cdots$

$= \sum\limits_{n=1}^{\infty}(2^n-1)x^{n-1} \quad \left(|x|<\dfrac{1}{2}\right)$

（4） $\dfrac{1}{\sqrt{1+x}} = 1 - \dfrac{1}{2}x + \dfrac{1\cdot 3}{2\cdot 4}x^2 - \dfrac{1\cdot 3\cdot 5}{2\cdot 4\cdot 6}x^3 - \cdots$

$+ (-1)^n \dfrac{1\cdot 3\cdot 5\cdots(2n-1)}{2\cdot 4\cdot 6\cdots(2n)} x^n + \cdots \quad (|x|<1)$

（5）$f(x) = e^x \sin x$ の導関数は，6章の演習問題【2】（2）より

$$f^{(n)}(x) = (\sqrt{2})^n e^x \sin\left(x + \frac{n\pi}{4}\right)$$

$$\therefore\ e^x \sin x = x + x^2 + \frac{2}{3!}x^3 - \frac{4}{5!}x^5 - \frac{8}{6!}x^6 + \cdots$$

$$+ \frac{(\sqrt{2})^n}{n!}\sin\left(\frac{n\pi}{4}\right)x^n + \cdots$$

【2】（1）$\sin^2 x = \dfrac{1}{2} - \dfrac{1}{2}\cos 2x = \dfrac{1}{2} - \dfrac{1}{2}\left(1 - \dfrac{(2x)^2}{2!} + \dfrac{(2x)^4}{4!} - \dfrac{(2x)^6}{6!}\cdots\right)$

$$\fallingdotseq x^2 - \frac{1}{3}x^4 + \frac{2}{45}x^6$$

（2）式(7.15)で，$x = x + x^2$ とおくと

$$\sqrt{1 + x + x^2} = 1 + \frac{1}{2}x + \frac{1}{2}x^2 - \frac{1}{8}x^2 - \cdots \fallingdotseq 1 + \frac{1}{2}x + \frac{3}{8}x^2$$

（3）$e^x \cos x = \left(1 + x + \dfrac{x^2}{2!} + \dfrac{x^3}{3!} + \cdots\right)\left(1 - \dfrac{x^2}{2!} + \dfrac{x^4}{4!}\cdots\right) \fallingdotseq 1 + x - \dfrac{x^3}{3}$

【3】（1）$\sqrt{1 - x} = 1 - \dfrac{1}{2}x - \dfrac{1}{8}x^2$

$$\sqrt{0.9} = \sqrt{1 - 0.1} = 1 - \frac{1}{2}(0.1) - \frac{1}{8}(0.1)^2 \fallingdotseq 0.948\,75$$

$$\sqrt{24} = \sqrt{25 - 1} = \sqrt{25\left(1 - \frac{1}{25}\right)} = 5\sqrt{1 - 0.04}$$

$$= 5\left\{1 - \frac{1}{2}(0.04) - \frac{1}{8}(0.04)^2\right\} \fallingdotseq 4.899$$

（2）$\sqrt[3]{1 + x} = (1 + x)^{\frac{1}{3}}$ として二項定理を用いると

$$\sqrt[3]{1 + x} \fallingdotseq 1 + \frac{1}{3}x + \frac{\frac{1}{3}\cdot\left(\frac{1}{3} - 1\right)}{2!}x^2 = 1 + \frac{1}{3}x - \frac{1}{9}x^2$$

$$\sqrt[3]{1.1} = \sqrt[3]{1 + 0.1} = 1 + \frac{0.1}{3} - \frac{0.1^2}{9} \fallingdotseq 1.032$$

$$\sqrt[3]{30} = \sqrt[3]{27 + 3} = \sqrt[3]{27\left(1 + \frac{3}{27}\right)} = 3\sqrt[3]{1 + \frac{3}{27}}$$

$$= 3\left\{1 + \frac{1}{3}\cdot\frac{3}{27} - \frac{1}{9}\left(\frac{3}{27}\right)^2\right\} \fallingdotseq 3.107$$

8. 微分方程式

【1】（1）$y = \dfrac{1}{3}x^3 + C$　　（2）$\dfrac{x^2}{2} + \dfrac{y^2}{2} = C$　　（3）$y = Ae^{-2x}$

(4) $y = A\sqrt{1-x^2}$ (5) $y = \dfrac{x^4}{3} + Cx$ (6) $y = Ae^{-\frac{1}{2}x} + 2$

【2】(1) $v = gt$, $\quad h = \int_0^t v\,dt = \dfrac{1}{2}gt^2 \quad \therefore\ t = \sqrt{\dfrac{2h}{g}}$

(2) 運動方程式は $m\dfrac{dv}{dt} = mg - kv$ となる。$v = \dfrac{mg}{k}\left(1 - e^{-\frac{k}{m}t}\right)$

【3】(1) $v_L + v_R = L\dfrac{di}{dt} + Ri = E \quad \therefore\ i = \dfrac{E}{R}\left(1 - e^{-\frac{R}{L}t}\right)$

(2) $v_L + v_R = L\dfrac{di}{dt} + Ri = E_m \sin\omega t$, 変形すると $\dfrac{di}{dt} + \dfrac{R}{L}i = \dfrac{E_m}{L}\sin\omega t$

公式 (8.15) より

$$i = e^{-\frac{R}{L}t}\left(\int \dfrac{E_m}{L}\sin\omega t \cdot e^{\frac{R}{L}t}\,dt + A\right)$$

$$= e^{-\frac{R}{L}t}\left(\dfrac{E_m}{L}\int \sin\omega t \cdot e^{\frac{R}{L}t}\,dt + A\right)$$

$$\int \sin\omega t \cdot e^{\frac{R}{L}t}\,dt = \dfrac{e^{\frac{R}{L}t} \cdot L^2}{R^2 + \omega^2 L^2}\left(\dfrac{R}{L}\sin\omega t - \omega\cos\omega t\right)$$

$R\sin\omega t - \omega L\cos\omega t = \sqrt{R^2 + \omega^2 L^2}\sin(\omega t - \varphi)$ より

$$\therefore\ i = \dfrac{E_m}{\sqrt{R^2 + \omega^2 L^2}}\left\{\sin(\omega t - \varphi) + \sin\varphi\, e^{-\frac{R}{L}t}\right\} \quad \left(\varphi = \tan^{-1}\dfrac{\omega v}{R}\right)$$

【4】(1) $y = A_1 e^{\frac{3}{2}x} + A_2 e^{-x}$ (2) $y = e^{-2x}(A_1 \cos 3x + A_2 \sin 3x)$

(3) $y = e^{-2x}(A_1 + A_2 x)$ (4) $y = A_1 \cos 2x + A_2 \sin 2x + \dfrac{1}{4}x$

(5) $y = A_1 e^{2x} + A_2 e^{-3x}$

(6) $y = e^{-x}(A_1 \sin\sqrt{3}\,x + A_2 \cos\sqrt{3}\,x) - \dfrac{1}{4}\cos 2x$

【5】回路方程式は

$$v_L + v_C = L\dfrac{d^2 q}{dt^2} + \dfrac{q}{C} = E, \quad v = \dfrac{q}{C} = E(1 - \cos\omega t) \quad (\omega = 1/\sqrt{LC})$$

【6】回転運動の方程式は

$$\dfrac{d^2\theta}{dt^2} + 8\dfrac{d\theta}{dt} + 25\theta = 5, \quad \theta = \dfrac{1}{5} - \dfrac{1}{3}e^{-4t}\sin(3t + \varphi) \quad \left(\tan\varphi = \dfrac{4}{3}\right)$$

9. フーリエ級数

【1】(1) $f(\theta) = \dfrac{V}{\pi} + \dfrac{V}{2}\sin\theta - \dfrac{2V}{\pi}\sum_{m=1}^{\infty}\dfrac{\cos 2m\theta}{(4m^2 - 1)}$

（2）$f(\theta) = \dfrac{V}{2} + \dfrac{2V}{\pi} \sum\limits_{m=1}^{\infty} \dfrac{\sin(2m-1)\theta}{(2m-1)}$

【2】（1）$f(\theta) = \dfrac{V}{2} + \dfrac{4V}{\pi^2} \sum\limits_{m=1}^{\infty} \dfrac{\cos(2m-1)\theta}{(2m-1)^2}$

（2）$f(\theta) = \dfrac{2V}{\pi} \sum\limits_{n=1}^{\infty} (-1)^{n-1} \dfrac{\sin n\theta}{n}$

【3】$f(\theta) = \sum\limits_{n=-\infty}^{\infty} c_n e^{-jn\theta} = -j\dfrac{2V}{\pi} \sum\limits_{m=-\infty}^{\infty} \dfrac{e^{-j(2m-1)\theta}}{2m-1}$

【4】まず，コンデンサが直列に接続されているため，直流電流 $I_0 = 0$ となる．

① 基本波電圧：$V_{1e} = \dfrac{V_1}{\sqrt{2}} = 12 \text{ V}, \ Z = 4$

$\therefore \ |Z| = 4\ \Omega, \quad \cos\theta_1 = 1$

$I_{1e} = V_{1e}/|Z| = 3 \text{ A}$

電力は $P_{1e} = V_{1e} I_{1e} \cos\theta_1 = 12 \cdot 3 \cdot 1 = 36 \text{ W}$

② 第2高調波電圧：$V_{2e} = \dfrac{V_2}{\sqrt{2}} = 20 \text{ V}, \quad Z = 4 + j3\ \Omega$

$\therefore \ |Z| = 5\ \Omega, \quad \cos\theta_2 = 4/5 = 0.8$

$I_{2e} = V_{2e}/|Z| = 4 \text{ A}$

電力は $P_{2e} = V_{2e} I_{2e} \cos\theta_2 = 64 \text{ W}$

$I_e = \sqrt{I_{1e}^2 + I_{2e}^2} = 5 \text{ A}, \quad P = P_{1e} + P_{2e} = 100 \text{ W}$

10．ラプラス変換

【1】（1）$\mathcal{L}[e^{j\omega t}] = \int_0^\infty e^{-(s-j\omega)t} dt = \dfrac{1}{s-j\omega}$

（2）$\mathcal{L}[e^{-2t}] = \int_0^\infty e^{-(s+2)t} dt = \dfrac{1}{s+2}$

（3）$\mathcal{L}[\sin 2t] = \mathcal{L}\left[\dfrac{e^{j2t} - e^{-j2t}}{2j}\right] = \dfrac{2}{s^2+4}$

（4）$\mathcal{L}[e^{-t}\sin 2t] = \dfrac{2}{(s+1)^2+4} = \dfrac{2}{s^2+2s+5}$

【2】（1）解図 10.1 より，$f(t) = u(t-a) - u(t-b)$

$\mathcal{L}[f(t)] = \dfrac{e^{-as}}{s} - \dfrac{e^{-bs}}{s} = \dfrac{e^{-as} - e^{-bs}}{s}$

（2）解図 10.2 より，$f(t) = \dfrac{t}{a} - \dfrac{1}{a}(t-a) - u(t-a)$

$\mathcal{L}[f(t)] = \dfrac{1}{as^2} - \dfrac{e^{-as}}{as^2} - \dfrac{e^{-as}}{s} = \dfrac{1}{as^2}(1 - e^{-as}) - \dfrac{e^{-as}}{s}$

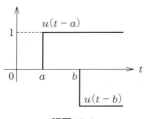

解図 10.1

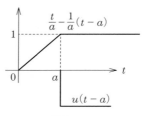

解図 10.2

【3】（1）最初の1周期の波形を $g(t)$ とすると
$$f(t) = g(t) + g(t-T) + g(t-2T) + \cdots$$
$$\mathcal{L}[f(t)] = G(s) + e^{-Ts}G(s) + e^{-2Ts}G(s) + \cdots$$
$$= G(s)(1 + e^{-Ts} + e^{-2Ts} + \cdots)$$

問題【2】（2）の解より，$G(s) = \dfrac{1}{Ts^2}(1-e^{-Ts}) - \dfrac{e^{-Ts}}{s}$

$\dfrac{1}{1-e^{-Ts}} = 1 + e^{-Ts} + e^{-2Ts} + \cdots$

$\therefore \quad \mathcal{L}[f(t)] = \dfrac{1}{Ts^2} - \dfrac{e^{-Ts}}{s(1-e^{-Ts})}$

（2）最初の1周期の波形を $g(t)$ とすると
$$f(t) = g(t) - g(t-T) + g(t-2T) - g(t-3T) + \cdots$$
$$\mathcal{L}[f(t)] = G(s) - e^{-Ts}G(s) + e^{-2Ts}G(s) - e^{-3Ts}G(s) + \cdots$$
$$= G(s)(1 - e^{-Ts} + e^{-2Ts} - e^{-3Ts} + \cdots)$$

問題【2】（1）で $a=0, b=a$ より，$G(s) = \dfrac{1-e^{-as}}{s}$，

$\dfrac{1}{1+e^{-Ts}} = 1 - e^{-Ts} + e^{-2Ts} - e^{-3Ts} + \cdots$

$\therefore \quad \mathcal{L}[f(t)] = \left(\dfrac{1-e^{-as}}{s}\right)\dfrac{1}{1+e^{-Ts}} = \dfrac{1-e^{-as}}{s(1+e^{-Ts})}$

【4】（1）部分分数展開 $F(s) = \dfrac{1}{s+1} - \dfrac{1}{s+2}$

$\therefore \quad f(t) = \mathcal{L}^{-1}\left[\dfrac{1}{s+1}\right] - \mathcal{L}^{-1}\left[\dfrac{1}{s+2}\right] = e^{-t} - e^{-2t}$

留数演算 $f(t) = (s+1)F(s)e^{st}]_{s=-1} + (s+2)F(s)e^{st}]_{s=-2}$

$\qquad = \dfrac{e^{st}}{s+2}\Big]_{s=-1} + \dfrac{e^{st}}{s+1}\Big]_{s=-2} = e^{-t} - e^{-2t}$

（2）部分分数展開 $F(s) = \dfrac{2}{s+1} - \dfrac{1}{(s+1)^2}$

$$\therefore\ f(t) = \mathcal{L}^{-1}\left[\frac{2}{s+1}\right] - \mathcal{L}^{-1}\left[\frac{1}{(s+1)^2}\right] = 2e^{-t} - te^{-t}$$

留数演算 $f(t) = \dfrac{d}{ds}\{(2s+1)e^{st}\}\Big]_{s=-1}$

$$= \{2e^{st} + (2s+1)te^{st}\}]_{s=-1} = 2e^{-t} - te^{-t}$$

（3） 部分分数展開 $F(s) = \dfrac{s}{s^2+4} - \dfrac{1}{s+2} + \dfrac{1}{(s+2)^2}$

$$\therefore\ f(t) = \cos 2t - e^{-2t} + te^{-2t}$$

留数演算 $f(t) = \dfrac{3s^2-4}{(s-j2)(s+2)^2}e^{st}\Big]_{s=-j2} + \dfrac{3s^2-4}{(s+j2)(s+2)^2}e^{st}\Big]_{s=j2}$

$$+ \dfrac{d}{ds}\left(\dfrac{3s^2-4}{s^2+4}e^{st}\right)\Big]_{s=-2}$$

$$= \cos 2t - e^{-2t} + te^{-2t}$$

【5】 $Ri(t) + \dfrac{1}{C}\int i\,dt = e(t),\ \ RI(s) + \dfrac{I(s)}{Cs} + \dfrac{q(0)}{Cs} = E(s)$

$$\therefore\ I(s) = \dfrac{s}{s+\dfrac{1}{CR}} \cdot \dfrac{E(s)}{R} - \dfrac{1}{s+\dfrac{1}{CR}} \cdot \dfrac{q(0)}{C} \cdot \dfrac{1}{R} \cdots ①$$

（1） $E(s) = \dfrac{E}{s},\ \dfrac{q(0)}{C} = V_0$ より, $I(s) = \dfrac{E-V_0}{R} \cdot \dfrac{1}{s+\dfrac{1}{CR}}$

$$\therefore\ i(t) = \mathcal{L}^{-1}[I(s)] = \dfrac{E-V_0}{R}\mathcal{L}^{-1}\left[\dfrac{1}{s+\dfrac{1}{CR}}\right] = \dfrac{E-V_0}{R}e^{-\frac{t}{CR}}$$

（2） $E(s) = \dfrac{E\omega}{s^2+\omega^2},\ q(0)=0,\ \alpha = \dfrac{1}{CR}$

$$I(s) = \dfrac{E\omega}{R}\dfrac{s}{(s+\alpha)(s^2+\omega^2)}$$

$$= \dfrac{E\omega}{R}\dfrac{1}{\alpha^2+\omega^2}\left(\dfrac{-\alpha}{s+\alpha} + \dfrac{\alpha s}{s^2+\omega^2} + \dfrac{\omega^2}{s^2+\omega^2}\right)$$

$$\therefore\ i(t) = \mathcal{L}^{-1}[I(s)] = \dfrac{\omega E}{R(\alpha^2+\omega^2)}(-\alpha e^{-\alpha t} + \alpha\cos\omega t + \omega\sin\omega t)$$

$$= \dfrac{E}{\sqrt{R^2 + \left(\dfrac{1}{\omega C}\right)^2}}\left\{\sin(\omega t + \varphi) - e^{-\frac{t}{CR}}\sin\varphi\right\}$$

$$\left(\varphi = \tan^{-1}\dfrac{1}{\omega CR}\right)$$

【6】 $g(\omega) = 20 \log \left(\sin \dfrac{\omega T}{2} \right)$,　　$\phi(\omega) = \tan^{-1} \left(\cot \dfrac{\omega T}{2} \right)$

$T = 0.001$ s, $\omega = 2\pi f$ を代入すると，$g(f) = 20 \log \left(\sin \dfrac{\pi f}{1\,000} \right)$ [dB]

$g(f)$ を図示すると**解図 10.3** となり，高域通過フィルタ（high pass filter, HPF）となる。

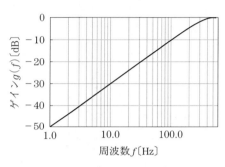

解図 10.3

11. 双曲線関数

【1】（1） $\cosh x \cosh y + \sinh x \sinh y$

$= \dfrac{e^x + e^{-x}}{2} \cdot \dfrac{e^y + e^{-y}}{2} + \dfrac{e^x - e^{-x}}{2} \cdot \dfrac{e^y - e^{-y}}{2}$

$= \dfrac{e^{x+y} + e^{-(x+y)}}{2} = \cosh(x+y)$

（2） $2 \sinh \dfrac{x+y}{2} \cosh \dfrac{x-y}{2} = 2 \cdot \dfrac{e^{\frac{x+y}{2}} - e^{-\frac{x+y}{2}}}{2} \cdot \dfrac{e^{\frac{x-y}{2}} + e^{-\frac{x-y}{2}}}{2}$

$= \dfrac{e^x - e^{-x}}{2} + \dfrac{e^y - e^{-y}}{2} = \sinh x + \sinh y$

【2】（1） $\sinh^2 x - \sinh^2 y = \dfrac{\cosh 2x - 1}{2} - \dfrac{\cosh 2y - 1}{2}$

$= \dfrac{1}{2}(\cosh 2x - \cosh 2y)$

$= \dfrac{1}{2} \cdot 2 \sinh \dfrac{2x+2y}{2} \sinh \dfrac{2x-2y}{2}$

$= \sinh(x+y) \sinh(x-y)$

（2） $\sinh^3 x = \sinh^2 x \cdot \sinh x$

$= \dfrac{\cosh 2x - 1}{2} \cdot \sinh x = \dfrac{\cosh 2x \sinh x - \sinh x}{2}$

$$= \frac{\frac{1}{2}(\sinh 3x - \sinh x) - \sinh x}{2}$$

$$= \frac{\sinh 3x - \sinh x - 2\sinh x}{4} = \frac{\sinh 3x - 3\sinh x}{4}$$

(3) $\cosh^{-1}\sqrt{x^2+1} = \ln(\sqrt{x^2+1} + \sqrt{(\sqrt{x^2+1})^2 - 1})$

$\qquad\qquad\qquad = \ln(x + \sqrt{x^2+1}) = \sinh^{-1} x$

【3】 (1) $\text{sech}^2 x$ (2) $\dfrac{1}{\sqrt{x^2+1}}$ (3) $\dfrac{1}{1-x^2}$

【4】 $\cosh x = \dfrac{e^x + e^{-x}}{2} = 1 + \dfrac{x^2}{2!} + \dfrac{x^4}{4!} + \cdots = \sum\limits_{n=1}^{\infty} \dfrac{x^{2(n-1)}}{n!}$

【5】 $V(l) = V_2$, $I(l) = I_2$ より, $\begin{bmatrix} V_2 \\ I_2 \end{bmatrix} = \begin{bmatrix} \cosh \gamma l & -\sinh \gamma l \\ -\dfrac{1}{Z_0}\sinh \gamma l & \dfrac{1}{Z_0}\cosh \gamma l \end{bmatrix} \begin{bmatrix} C_1 \\ C_2 \end{bmatrix}$

$\therefore \begin{bmatrix} C_1 \\ C_2 \end{bmatrix} = \begin{bmatrix} \cosh \gamma l & -\sinh \gamma l \\ -\dfrac{1}{Z_0}\sinh \gamma l & \dfrac{1}{Z_0}\cosh \gamma l \end{bmatrix}^{-1} \begin{bmatrix} V_2 \\ I_2 \end{bmatrix} = \begin{bmatrix} V_2 \cosh \gamma l + Z_0 I_2 \sinh \gamma l \\ V_2 \sinh \gamma l + Z_0 I_2 \cosh \gamma l \end{bmatrix}$

となり, 式(11.37), 式(11.38)が得られる。この係数 C_1, C_2 を式(11.31)と式(11.32)に代入すると

$V(x) = (V_2 \cosh \gamma l + Z_0 I_2 \sinh \gamma l) \cosh \gamma x$
$\qquad - (V_2 \sinh \gamma l + Z_0 I_2 \cosh \gamma l) \sinh \gamma x$
$\qquad = V_2(\cosh \gamma l \cosh \gamma x - \sinh \gamma l \sinh \gamma x)$
$\qquad + Z_0 I_2(\sinh \gamma l \cosh \gamma x - \cosh \gamma l \sinh \gamma x)$
$\qquad = V_2 \cosh \gamma(l-x) + Z_0 I_2 \sinh \gamma(l-x)$

$I(x) = -\dfrac{1}{Z_0}(V_2 \cosh \gamma l + Z_0 I_2 \sinh \gamma l) \sinh \gamma x$
$\qquad + \dfrac{1}{Z_0}(V_2 \sinh \gamma l + Z_0 I_2 \cosh \gamma l) \cosh \gamma x$
$\qquad = \dfrac{V_2}{Z_0}(\sinh \gamma l \cosh \gamma x - \cosh \gamma l \sinh \gamma x)$
$\qquad + I_2(\cosh \gamma l \cosh \gamma x - \sinh \gamma l \sinh \gamma x)$
$\qquad = \dfrac{V_2}{Z_0} \sinh \gamma(l-x) + I_2 \cosh \gamma(l-x)$

$\therefore \begin{bmatrix} V(x) \\ I(x) \end{bmatrix} = \begin{bmatrix} \cosh \gamma(l-x) & Z_0 \sinh \gamma(l-x) \\ \dfrac{1}{Z_0} \sinh \gamma(l-x) & \cosh \gamma(l-x) \end{bmatrix} \begin{bmatrix} V_2 \\ I_2 \end{bmatrix}$

となり, 式(11.41)が得られる。

索　引

【あ】
アドミタンス行列　81
アナロジー　127
アンペアの右ねじの法則　95

【い】
位相　27, 39
位相特性　164
位置ベクトル　44
移動平均法　168
インピーダンス　38
インピーダンス行列　80

【お】
オイラーの公式　34, 111

【か】
階数　115
外積　47
回転　94
回転行列　82
回転ベクトル　33
ガウスの法則　93
ガウス平面　32
角周波数　26
仮数　4
カテナリー　183
過渡解　120
過渡状態　120

【き】
基本角周波数　129
基本波　130
逆行列　72
逆三角関数　25
逆双曲線関数　176

行　58
行-行列　59
行ベクトル　59
共役複素数　35
行列　58
行列式　64
極座標表示　33
虚部　31

【く】
クラメルの公式　77
クロネッカーのデルタ　60

【け】
ゲイン特性　164
懸垂線　183

【こ】
高調波　130
弧度法　17

【さ】
最終値定理　159
三角関数表示　32
三角行列　61
三角比　13

【し】
指数関数表示　33
自然対数　2
四端子行列　81
実効値　102
実部　31
時定数　120
指標　4
周波数スペクトル　144
自由ベクトル　44

主値　26
純虚数　31
小行列式　68
常用対数　2
初期値定理　159
真数　1

【す】
推移定理　157
スカラー　42
スカラー積　47
スケール変換　158

【せ】
正弦　13
正弦定理　25
正接　13
正方行列　59
積分　97
積分定数　97
絶対デシベル　9
全微分　91

【そ】
双曲角　172
双曲正弦　171
双曲正接　171
双曲線関数　171
双曲余弦　171
相似定理　158
束縛ベクトル　44

【た】
対角行列　59
対角成分　59
対称行列　62
対数　1

索引

【た】
- たたみ込みの定理　158
- 単位円　15
- 単位行列　60
- 単位ステップ関数　152
- 単位法線ベクトル　45

【ち】
- 遅延演算子　167
- 置換積分法　101
- 直交座標表示　32

【て】
- 底　1
- 低域通過フィルタ　164, 168
- 定常解　120
- 定常状態　120
- 定積分　98
- テイラー展開　106
- デシベル　6
- デルタ関数　153
- 電圧利得　8
- 電磁誘導の法則　92
- 伝達関数　163, 168
- 転置行列　61
- 伝搬定数　179
- 電流利得　8
- 電力の重ね合わせ　142
- 電力利得　7

【と】
- 導関数　85
- 同相　27
- 特性インピーダンス　179
- 特性方程式　122
- 度数法　17
- ド・モアブルの定理　34
- トレース　60

【な】
- 内積　47
- ナブラ　93

【に】
- 二項定理　111

【は】
- 倍電圧発生回路　165
- ハイブリッド行列　81
- 発散　93

【ひ】
- ひずみ波交流　136
- 皮相電力　40
- 微分　86
- 微分演算子　93
- 微分係数　86
- 微分方程式　115

【ふ】
- 複素数　31
- 複素電力　39
- 複素フーリエ級数　134
- 複素平面　32
- 不定積分　97
- 部分積分法　100
- フーリエ逆変換　144
- フーリエ級数　129
- フーリエ変換　144
- フレミングの左手の法則　52
- 分布定数回路　177

【へ】
- 平衡条件　80
- ベクトル　42
- ベクトル積　47
- 変数分離法　117
- 偏微分　90

【ほ】
- ポアソン方程式　96
- 方向余弦　44
- 補助方程式　121
- ボード線図　164

【ま】
- マクスウェルの電磁界
基礎方程式　96
- マクローリン展開　106

【む】
- 無効電力　39

【め】
- 面積ベクトル　45

【ゆ】
- 有効電力　39, 104

【よ】
- 余因子　68
- 余因子行列　70
- 余因子展開　69
- 余弦　13
- 余弦定理　25

【ら】
- ラジアン　17
- ラプラス演算子　96
- ラプラス対関数　155
- ラプラス変換　148
- ラプラス方程式　97

【り】
- リアクタンス　38
- 力率　40, 104
- 留数　161
- 留数定理　161

【れ】
- 零行列　61
- 零ベクトル　45
- 列　58
- 列-行列　59
- 列ベクトル　59

【ろ】
- ロピタルの定理　153

【欧文】
- h パラメータ　81
- n 次の近似式　112
- rms　102
- z 変換　167

―― 著者略歴 ――

1975年　名古屋大学工学部電子工学科卒業
1980年　名古屋大学大学院工学研究科博士後期課程修了（電子工学専攻）
1983年　工学博士（名古屋大学）
1994年　中部大学教授
　　　　現在に至る

実用 電気系学生のための基礎数学
Fundamental Mathematics for Electrical and Electronic Engineering Students

Ⓒ Mikio Kuzuya 2015

2015 年 3 月 23 日　初版第 1 刷発行
2022 年 12 月 15 日　初版第 5 刷発行

検印省略	著　者	葛　谷　　幹　夫
	発行者	株式会社　コロナ社
		代表者　牛来真也
	印刷所	三美印刷株式会社
	製本所	有限会社　愛千製本所

112-0011　東京都文京区千石 4-46-10
発行所　株式会社　コロナ社
CORONA PUBLISHING CO., LTD.
Tokyo Japan
振替 00140-8-14844・電話(03)3941-3131(代)
ホームページ　https://www.coronasha.co.jp

ISBN 978-4-339-00872-2　C3054　Printed in Japan　　　（鈴木）

〈出版者著作権管理機構　委託出版物〉
本書の無断複製は著作権法上での例外を除き禁じられています。複製される場合は，そのつど事前に，出版者著作権管理機構（電話 03-5244-5088，FAX 03-5244-5089，e-mail: info@jcopy.or.jp）の許諾を得てください。

本書のコピー，スキャン，デジタル化等の無断複製・転載は著作権法上での例外を除き禁じられています。購入者以外の第三者による本書の電子データ化及び電子書籍化は，いかなる場合も認めていません。
落丁・乱丁はお取替えいたします。